油气设备传热

李 洋 陈红伟 著

U0395315

东北大学出版社

·沈 阳·

© 李 洋 陈红伟 2024

图书在版编目（CIP）数据

油气设备传热 / 李洋，陈红伟著 . —— 沈阳：东北大学出版社，2024.6. —— ISBN 978-7-5517-3538-4

Ⅰ . TB4

中国国家版本馆 CIP 数据核字第 20245EK353 号

出　版　者：东北大学出版社
　　　　　　地址：沈阳市和平区文化路三号巷 11 号
　　　　　　邮编：110819
　　　　　　电话：024-83683655（总编室）
　　　　　　　　　024-83687331（营销部）
　　　　　　网址：http://press.neu.edu.cn
印　刷　者：辽宁一诺广告印务有限公司
发　行　者：东北大学出版社
幅面尺寸：170 mm×240 mm
印　　张：15.5
字　　数：271 千字
出版时间：2024 年 6 月第 1 版
印刷时间：2024 年 6 月第 1 次印刷
策划编辑：刘桉彤
责任编辑：白松艳
责任校对：石玉玲
封面设计：潘正一
责任出版：初　茗

ISBN 978-7-5517-3538-4　　　　　　　定　价：89.00 元

内容简介

　　油气行业设备涉及较多热质输运过程，其中关于热量传递的研究日益受到重视。同时，在"双碳"目标下如何利用新能源替代化石能源成为重要的研究课题。本书分析了太阳能原油加热器的模拟方法和试验观测结果，探讨了如何利用太阳能加热原油及为炼厂提供热能，研究了管道和储罐两类油气储运系统中最重要的关键设备的传热过程，介绍了油气设备CFD模拟方法以及如何利用红外图像识别对相关设备进行快速的非接触式检测。

前言

　　热量传递在油气设备中起着十分重要的作用，例如利用太阳能加热原油、管道的热量散失、储罐的加热维温等过程都涉及热量传递。因此，开展油气设备传热研究对提升油气行业能量利用效率、构建绿色油气发展格局具有十分重要的现实意义。

　　本书主要总结团队近五年来在油气设备传热领域的研究成果，试图为读者提供一个从太阳能加热原油到油气设备传热的较完整的理论体系。主要内容包括：太阳能原油加热器的数值建模方法和试验观测、太阳能加热原油系统设计与炼厂新能源综合辅助加热系统设计、输油管道在多种缺陷下的流动和传热规律、储油罐内的传热过程与加热时的热响应、基于红外图像定量分析的内储物非接触式量化检测技术。

　　全书共5章。第1章，介绍太阳能原油加热器的热辐射传输模拟；第2章，介绍太阳能原油加热器的红外成像试验；第3章，介绍利用太阳能加热原油系统和炼厂的联合循环系统设计方法以及部分关键设备的CFD模拟；第4章，介绍输油管道存在缺陷时的流动和传热规律；第5章，介绍原油储罐在静储和动态加热过程中的变化，并展示一种利用红外图像识别进行储罐内储物非接触式量化检测的新途径。

　　全书由辽宁石油化工大学李洋和陈红伟两位教师撰写。其中，李洋负责总体结构和内容设计以及第1～3章内容的撰写，陈红伟负责第4～5章内容的撰写，研究生钱伟强、林长华、梁津源、梁倬、郭雨俊、井源、卫瑶煜等对第2～5章内容进行了补充、修改。全书由李洋负责统稿与审定，陈红伟负责总体修改与校核，研究生钱伟强和郭雨俊参与了格式校核工作。

期望本书能为相关专业的研究人员和工程技术人员提供参考与借鉴，以助力油气设备领域的技术创新与工程进步。

特别感谢国家自然科学基金项目（No.52006094）的资助，感谢辽宁石油化工大学对本书的立项支持。

感谢笔者的硕博士研究生导师谈和平教授和夏新林教授对笔者的学术指导！同时，感谢笔者指导的相关课题方向的各位研究生！

由于笔者水平有限，书中难免存在不足之处，热忱期望广大读者予以批评指正。

李　洋

2024年5月

目 录

第3章　太阳能吸热器加热原油系统研究

第4章 输油管道传热研究

第 5 章　储罐传热与红外检测研究

第 1 章

太阳能原油加热器的热辐射传输模拟

利用太阳能加热原油是当前油气行业绿色发展的重要途径之一。太阳能泡沫吸热器是加热原油的重要能量转换器件，其中，太阳辐射传递是关键的科学问题之一。泡沫材料辐射传输模拟的孔隙尺度模拟包含两个方面的内容：一是孔隙结构的获取与重建；二是辐射传输过程模拟与特性求解。泡沫材料的孔隙结构通常可以由显微计算机断层扫描（μ–CT）技术直接得到；也可基于扫描电子显微镜（SEM）和μ–CT技术获取的形貌信息，人为地进行孔隙结构仿真重建。针对泡沫材料内孔隙尺度的辐射传输模拟与特性求解，MCRT法被认为是最有效的计算方法。

目前，对泡沫材料的孔隙结构表征与仿真重建方法仍然不够完善，针对半透明性、光谱性、介质辐射特性求解等问题的研究比较缺乏，同时，孔隙尺度辐射传输的加速求解技术尚待开发。

本章首先采用SEM和μ–CT技术获取典型泡沫材料的结构形貌特征，并统计常用的结构表征参数；其次，基于常用的立方体模型、Lord Kelvin模型、Weaire–Phelan模型、Voronoi镶嵌模型构造参数化的泡沫仿真结构，比较、选择适用于随机孔隙结构重建的模型；再次，针对基材不透明和半透明泡沫材料，建立孔隙尺度辐射传输模拟的计算方法和辐射特性参数的求解模型，并开展程序算法的可靠性验证；最后，结合空间剖分算法，开展泡沫材料孔隙尺度辐射传输模拟的加速求解研究。

1.1 孔隙结构获取、分析、表征、重建

泡沫材料孔隙结构的获取与分析是孔隙尺度辐射传输计算的基础。本节采用SEM和μ–CT技术获取并分析了典型泡沫材料的孔隙结构特征，并进行了泡沫孔隙结构的参数化表征与仿真重建研究。

1.1.1　基于SEM技术的二维结构形貌获取与分析

SEM是利用二次电子信号成像来观察样品的表面形貌特征的技术。本书采用SEM设备（型号：EVO180，德国蔡司公司）进行扫描测试，如图1-1所示。此设备的主要技术指标见表1-1。测试时，将泡沫样品置于样品台上，如图1-2所示。

用于孔隙结构扫描的镍金属泡沫和氧化铝陶瓷泡沫的实物照片如图1-3所示。其中，镍泡沫由上海众维新型材料有限公司提供，氧化铝泡沫由北海凯特利化工填料有限公司提供。

图1-1　SEM设备（型号：EVO180）

表1-1　SEM设备的技术参数（型号：EVO180）

放大倍数	真空度		分辨率		允许样品尺寸	
	高真空	低真空	高真空	低真空	直径	高度
5～1000000 连续可调	< 0.1 MPa	10～400 Pa	3.0 nm	4.5 nm	< 250 mm	< 145 mm

（a）侧视图　　　　　　　　（b）俯视图

图1-2　置于SEM测试样品台上的镍泡沫

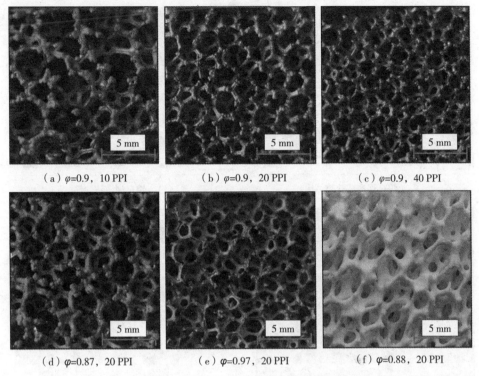

（a）φ=0.9，10 PPI　　　（b）φ=0.9，20 PPI　　　（c）φ=0.9，40 PPI

（d）φ=0.87，20 PPI　　　（e）φ=0.97，20 PPI　　　（f）φ=0.88，20 PPI

图1-3　镍金属泡沫（a）～（e）和氧化铝陶瓷泡沫（f）样品

采用图1-1所示的SEM设备扫描图1-3所示泡沫材料，获取了不同尺度的微细观结构形貌，典型特征如图1-4所示。从图1-4可以看出，镍金属肋筋更平直，近似于直圆柱形，而氧化铝陶瓷肋筋则形似中间细、两端粗的纺锤状，这是金属与陶瓷肋筋结构的一个典型区别。这种肋筋形貌的差别是由两种泡沫材料的生产工艺不同造成的。金属泡沫多采用电沉积法制备，这种方法在高分子材料制成的三维网络骨架上较为均匀地沉积金属单质，从而导致金属肋筋比较平直；陶瓷泡沫多采用发泡法制备，在基材中加入发泡剂以产生气体，从而形成近球形元胞结构，因此其肋筋呈现纺锤状。

由于泡沫结构复杂，具有多尺度性和随机性，因此很难对孔隙水平进行精确表征。材料制造商一般采用孔隙率和孔密度两个参数来表征泡沫材料的宏观结构。

泡沫材料的孔隙率反映了孔隙（通常为空气）所占的体积比例，是泡沫材料最重要的结构参数之一，一般可采用比密度法（也叫称重法）获取：

$$\varphi = 1 - \frac{\rho_a}{\rho_s} \tag{1-1}$$

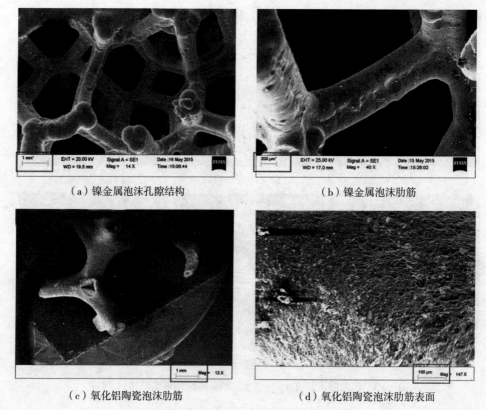

（a）镍金属泡沫孔隙结构　　　　　　　（b）镍金属泡沫肋筋

（c）氧化铝陶瓷泡沫肋筋　　　　　　　（d）氧化铝陶瓷泡沫肋筋表面

图1-4　典型泡沫材料在不同尺度的SEM图

式中：ρ_a为泡沫材料的表观密度，kg/m³；ρ_s为泡沫基材（固体骨架）的密度，kg/m³。

通过式（1-1）可直接测量获得高孔隙泡沫材料的孔隙率数据。

孔密度（pores per linear inch，n PPI）定义为每英寸长度上孔的个数。利用此参数，可以得到标称孔径$d=25.4/n$ PPI mm。但是，PPI并不是一个严谨的结构参数，因为即使相同的PPI，材质不同的泡沫材料的孔隙尺寸也相差较多。通过对比图1-3中10 PPI和20 PPI的两种材料的孔隙尺寸，可以观察到这种显著的差别。在PPI相同的情况下，陶瓷泡沫具有明显更大的孔隙尺寸。因此，有必要利用SEM结果精确统计本书所用泡沫材料的结构参数，其定义如图1-5所示。统计获得的泡沫结构参数见表1-2，每个参数的统计次数均大于50次。通过大量的SEM图像观察，可以统计出各类泡沫材料的结构特征，为泡沫材料的孔隙结构仿真重建提供理论依据。参数化的孔隙结构建模将在1.1.3和1.1.4展开。

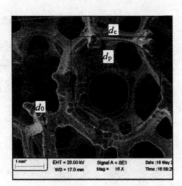

d_c—元胞直径
d_p—孔直径
d_0—肋筋直径

图1-5 孔隙结构参数示意图

表1-2 本书所用镍泡沫和氧化铝泡沫的结构参数

泡沫材料	序号	φ	PPI	d_n/mm	d_c/mm	d_p/mm	d_0/mm
	#1	0.90	<u>10</u>	2.540	3.600	1.633	0.639
	#2	0.90	<u>20</u>	1.270	2.433	1.168	0.461
镍泡沫	#3	0.90	<u>40</u>	0.635	1.720	0.872	0.366
	#4	0.87	<u>20</u>	1.270	2.381	1.007	0.589
	#5	0.97	<u>20</u>	1.270	2.472	1.361	0.407
氧化铝泡沫	#6	0.88	<u>20</u>	1.270	3.151	1.475	0.926

注：下划线数据由制造商提供。

1.1.2 基于μ-CT技术的三维结构形貌获取与分析

虽然SEM技术能够获取十分丰富的泡沫孔隙结构信息，但此技术存在一个明显的缺陷——无法直接获取三维表面结构且无法获取固体肋筋内部的结构。为此，需要继续采用μ-CT技术来获取典型泡沫材料的三维孔隙结构并分析其结构特征。

μ-CT技术利用样品各个部位对射线吸收率不同的原理对样品进行多角度成像扫描，然后将不同角度的图像进行重构还原，最终得到样品的3D还原模型。该技术能够对样品结构进行无损伤的高精度还原，真实再现样品的细观形貌特征。本书采用天津三英精密仪器公司提供的μ-CT设备（型号：nanoVoxel-2700，见图1-6）对典型泡沫结构进行三维扫描。该设备的技术参数见表1-3。

（a）μ-CT机　　　　　　　　　　　（b）样品仓

图1-6　μ-CT（计算机断层扫描）设备（型号：nanoVoxel-2700）

表1-3　μ-CT设备技术参数（型号：nanoVoxel-2700）

电压	电流	单次成像时间	最大空间分辨率	使用空间分辨率	单次旋转角度	总旋转角度
80 kV	200 μA	1.3 s	0.5 μm	5 μm	0.25°	360°

扫描时，利用泡沫材料固体相和空隙相对射线的吸收能力的不同得到一系列二维灰度图像。在本书扫描中，每个三维方向上间隔0.25°扫描一次泡沫样品，共获得4320张二维灰度图，如图1-7（a）所示。随后，这些含有灰度信息的二维图像被"二值化"处理，从而分辨出固体相和空隙相。最后，将大量的二维图像在Avizo软件中进行三维重构，可得到泡沫材料的三维孔隙结构，如图1-7（b）所示。

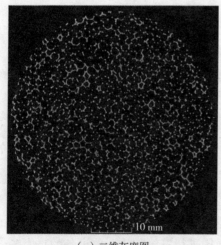 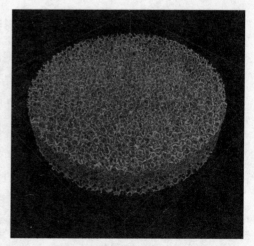

（a）二维灰度图　　　　　　　　　　（b）三维孔隙结构

图1-7　利用μ-CT技术获取泡沫材料的孔隙结构

　　本书利用上述μ-CT技术获取了表1-2所列的5种镍泡沫和1种氧化铝泡沫的三维孔隙结构。图1-8展示了这两类材料不同尺度的典型结构。可以看出，μ-CT技术所得泡沫结构能够在不同尺度下还原真实的三维孔隙形貌。结合图1-8中的μ-CT结构和图1-4中的SEM图，可以发现，镍肋筋更加趋近于圆直的柱体，而氧化铝肋筋则呈现明显的纺锤状，原因见1.1.1。另外，氧化铝肋筋还存在"中空"现象（见图1-9），这在金属肋筋中比较少见。

　　相比SEM技术，利用μ-CT技术所获取的泡沫结构可以直接作为辐射传输计算的三维几何模型。两种技术所获取的各类结构特征数据共同成为泡沫结构参数化建模的理论依据和数据来源。1.1.3和1.1.4将详细研究泡沫孔隙和肋筋形状的参数化表征与仿真重建。

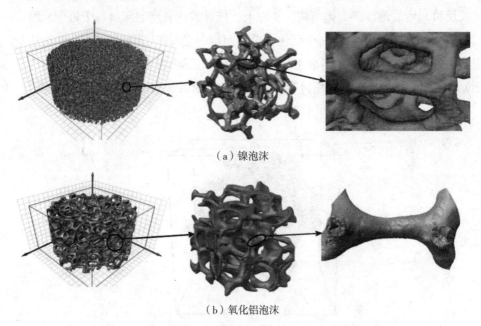

（a）镍泡沫

（b）氧化铝泡沫

图1-8　典型泡沫材料不同尺度下的μ-CT三维扫描结构

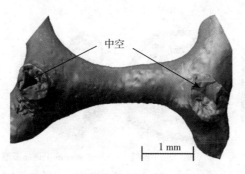

中空

1 mm

图1-9　氧化铝陶瓷肋筋的中空

1.1.3 基于Voronoi镶嵌模型的元胞孔隙重构

SEM和μ-CT技术虽能直接获取真实泡沫材料的孔隙结构，但这些结构却是有限的、无法任意定制的。这限制了对孔隙结构（如孔隙率、元胞直径、肋形）的参数化研究。因此，泡沫结构仿真重建成为一项基础性工作。

元胞（cell）是组成泡沫材料的基本结构单元，如图1-10所示。可以看出，元胞的空间结构近似不规则的多面体。

目前，较为常用的泡沫结构表征模型有立方体模型、Lord Kelvin模型（简称LK模型）、Weaire-Phelan模型（简称W-P模型）、Voronoi镶嵌模型（简称Voro模型）等。这些模型的基本单元如图1-11所示。显然，立方体模型无法有效反映元胞的泡沫多面体结构。实际上，统计发现真实泡沫材料中每个元胞多面体上平均含有13.0~14.6个面（孔），而每个立方体结构仅含6个孔，远达不到表征要求，因此本书不再考虑立方体模型。下面将分别简单介绍LK模型、W-P模型、Voro模型的建模过程，并考察它们对真实泡沫结构表征的适用性。

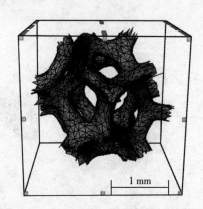

1 mm

图1-10　元胞

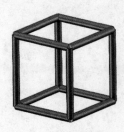   

（a）立方体模型　　（b）Lord Kelvin模型　　（c）Weaire-Phelan模型　　（d）Voronoi镶嵌模型

图1-11　常用的人工泡沫结构模型

LK模型结构只包含一种十四面体基本单元，如图1-11（b）所示。这种十四面体包含14个面（6个正四边形和8个正六边形）、36条等长边、24个顶点。设这个十四面体上两个相对的正四边形面间的距离为2b，则以十四面体体心为原点的24个顶点坐标可以表示为b（±1，±0.5，0），b（±1，0，±0.5），b（±0.5，±1，0），b（0，±1，±0.5），b（0，±0.5，±1）、b（±0.5，0，±1）。利用这些顶点坐标可构造出一个基本的LK模型结构单元。

W-P模型结构如图1-11（c）所示，由两种基本单元组成：一种为十二面体（2个），每个十二面体的所有面均为五边形；另一种为十四面体（6个），每个十四面体的2个面为六边形，12个面为五边形。这种十四面体有36条不完全等长的边和24个顶点。在建模时，只需要阵列这6个十四面体即可，剩余的2个十二面体可由十四面体上的五边形面自动围成。初始的6个十四面体可以由同一个十四面体经过平移和旋转得到。设十四面体上两个相对的六边形面间的距离为2b，则以十四面体体心为原点的24个顶点坐标可以表示为b（1-2a/3，±（2-2a/3），±2a/3），b（1-a，±（2-0.5a），0），b（1，±（2-a），±0.5a），b（2a/3-1，±2a/3，±（2-2a/3）），b（a-1，0，±（2-0.5a）），b（-1，±0.5a，±（2-a）），b（1，0，±1），b（-1，±1，0），对于标准W-P结构，$a=2^{1/3}$。

将LK模型和W-P模型结构单元沿三个坐标轴方向进行复制阵列，即可得到完整的泡沫结构，整个过程在SolidWorks软件中完成。图1-12展示了基于LK模型和W-P模型重建的泡沫结构。可以看出，由于泡沫结构的形成依赖于对基本单元的阵列与复制，因此基于这两种模型所建立的泡沫结构具有强烈的各向异性：孔隙会直接"贯通"整个泡沫结构。显然，LK模型和W-P模型无法还原真实泡沫结构所具有的随机性。

Voro模型是一种基于三维空间镶嵌分割技术的仿真建模方式，结构生成仿照泡沫材料的生产过程。建模流程可归纳为：

（1）在一个立方体盒中随机堆积N_c个小球，如图1-13（a）所示。

（2）利用Voronoi镶嵌算法计算出小球与小球之间的包围面，这些包围面将立方体盒分割成N_c个独立的多面体，每个多面体对应一个元胞。

（3）在多面体的棱上产生肋筋骨架，如图1-13（b）所示。

（4）删除小球，仅保留肋筋骨架，如图1-13（c）所示。

对比图1-12和图1-13可以发现，LK模型和W-P模型的结构具有强烈的各

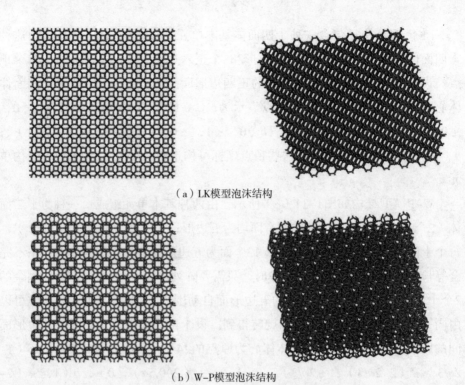

（a）LK模型泡沫结构

（b）W-P模型泡沫结构

图1-12　基于LK模型和W-P模型重建的泡沫结构

向异性特征，泡沫结构存在明显的定向贯通孔隙，而Voro结构是基于随机堆积球镶嵌得到的，能够很好地还原表征真实泡沫结构的随机性，这已经被很多近期的研究所证实。因此，本书采用Voro模型进行泡沫结构的重建。需要特别说明的是，图1-13（c）所示的泡沫结构边界上的肋筋排列受初始立方体边界的影响，表现出比较规则的特征，即边界上的肋筋骨架均平行于边界面，这是空间镶嵌过程不可避免的结果。为了消除边界上的平行肋筋，在后续的建模中，将从泡沫结构中切除边界附近的肋筋，使其更加符合真实泡沫结构特征。

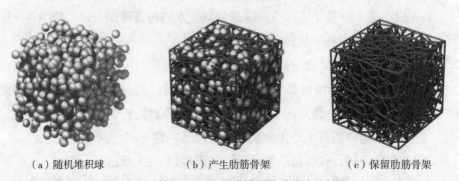

（a）随机堆积球　　　　　（b）产生肋筋骨架　　　　　（c）保留肋筋骨架

图1-13　基于Voronoi镶嵌模型构造的泡沫结构

1.1.4　孔隙结构与肋筋骨架的参数化表征与仿真建模

在选择Voro结构作为元胞模型后，需要继续对泡沫结构进行参数化表征，才能够系统性地研究结构参数对泡沫材料辐射特性的影响。如1.1.1所述，生产商一般采用孔隙率和孔密度（PPI）来表征泡沫材料。由于孔隙率可直接通过质量或密度比值得到［见式（1-1）］，因此可以认为是一个可靠的参数。但是，通过对比图1-3和表1-2中孔密度20 PPI的镍泡沫和氧化铝泡沫，可以看出PPI并不是一个十分严谨的结构参数：在相同PPI下，氧化铝泡沫（#6）的孔直径要比镍泡沫（#4）大45%以上。因此，不采用PPI，而直接采用孔隙尺寸来表征泡沫结构更加严谨可靠。由于Voro结构中（见1.1.3），每一个堆积小球对应一个元胞，为了保持一致性，本书采用元胞直径（d_c）来表征孔隙尺寸。

图1-14和图1-15分别展示了不同孔隙率和平均元胞直径（简称胞径）的泡沫结构，可以明显看出这两个参数对泡沫结构的改变作用。在Voro模型中，孔隙率φ和胞径d_c可共同决定肋筋骨架的平均直径d_0。

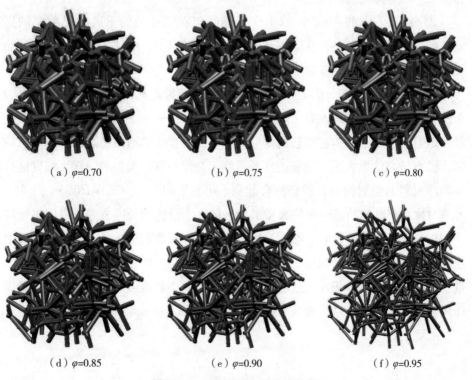

（a）$\varphi=0.70$　　　　（b）$\varphi=0.75$　　　　（c）$\varphi=0.80$

（d）$\varphi=0.85$　　　　（e）$\varphi=0.90$　　　　（f）$\varphi=0.95$

图1-14　不同孔隙率的泡沫结构

（a）d_c=3 mm　　　　　（b）d_c=2 mm　　　　　（c）d_c=1 mm

图1-15　不同元胞直径的泡沫结构

$$\varphi = 1 - \frac{\sum_{j=1}^{N_0}\left(\frac{1}{4}\pi d_0^2 L_{0,j}\right) - \frac{1}{6}\pi d_0^3 N_v}{\frac{1}{6}\pi d_c^3 N_c} \qquad （1-2）$$

式中：N_0为肋筋骨架总数；$L_{0,j}$为第j个肋筋骨架的长度；N_v为不重复的肋筋结点总数；N_c为元胞总数。

　　式（1-2）中的$\frac{1}{6}\pi d_0^3 N_v$修正了肋筋骨架在结点处的重叠对孔隙率的影响。此公式同时表明，在孔隙率和胞径确定的情况下，肋筋平均直径（简称肋径）并不是一个独立的参数。

　　由于孔隙率和胞径可以从相对宏观的角度调控泡沫结构，因此可以称这2个结构参数为一阶结构参数（first-order texture parameter）。但是，孔隙率和胞径一定时，仍然不能描述肋筋的变形问题，因为真实的泡沫肋筋并不总是圆柱形。已有研究结果表明，肋筋的变形虽然不会像一阶结构参数一样大幅度地影响泡沫材料的辐射特性，但仍然会起到不可忽视的作用。图1-16展示了μ-CT和SEM技术获取的肋筋骨架的典型形貌特征：①沿肋筋长度方向（纵向）呈现中间细、两头粗的哑铃状；②肋筋断面并不是标准的圆形；③肋筋内部存在中空。下面将分别对肋筋的这三个重要形状特征进行参数化表征。与一阶结构参数（孔隙率、胞径）相比，这些描述肋筋形状的参数可以从更小的尺度上发挥作用，可被称作二阶结构参数（second-order texture parameter）。

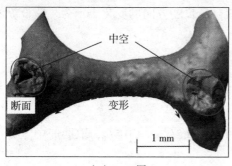 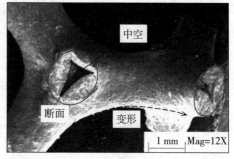

（a）μ–CT图　　　　　　　　　（b）SEM图

图1-16　泡沫肋筋的形状特征

下面细致地表征肋筋的结构形状。

（1）肋筋纵向形状参数（longitudinal shape parameter）t：表征肋筋沿自身长度方向的尺寸变化，即肋筋偏离等直径圆柱的程度。如图1-17所示，纵向形状参数t的定义为

$$t = \frac{d_{\min}}{d_{\max}} \qquad (1-3)$$

式中：$d_{\min}$为肋筋中段最细处的直径；$d_{\max}$为肋筋两端最粗处的直径。

理论上，$t \in (0, 1]$，$t=1$时，表示等直径的肋筋。但t通常不会太小，统计结果表明，常见金属泡沫和陶瓷泡沫的肋筋 $t \in [0.5, 1]$。

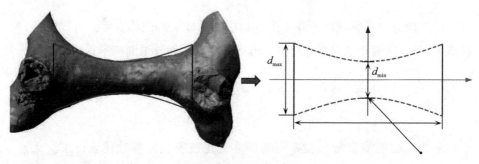

图1-17　肋筋纵向形状参数t（$t=d_{\min}/d_{\max}$）

通过纵向形状参数t可将肋筋直径d沿自身长度方向的变化表示为（假设纵向断面外缘符合二次分布）

$$\frac{d}{d_{min}} = 1 + \frac{4(1-t)}{tL_0^2}l^2 \tag{1-4}$$

式中：L_0为肋筋的长度；l为"当地"坐标，$-0.5L_0 \leqslant l \leqslant 0.5L_0$，取肋筋中点为坐标原点。

此时，单个变形肋筋的体积可表示为

$$V_0' = 2\int_0^{\frac{1}{2}L_0} \frac{1}{4}\pi d^2 \mathrm{d}l = \pi d_{min}^2 L_0 \frac{8t^2 + 4t + 3}{60t^2} \tag{1-5}$$

而单个肋筋的等效平均体积V_0可表示为

$$V_0 = \frac{1}{4}\pi d_0^2 L_0 \tag{1-6}$$

式中肋筋的平均直径d_0由式（1-2）确定。联立式（1-5）和式（1-6）可得

$$d_{min} = d_0\sqrt{\frac{15t^2}{8t^2 + 4t + 3}} \tag{1-7}$$

进一步联立式（1-3）和式（1-7）可得

$$d_{max} = d_0\sqrt{\frac{15}{8t^2 + 4t + 3}} \tag{1-8}$$

通过构造肋筋纵截面外缘（图1-17中的虚线）的曲率方程并将式（1-7）和式（1-8）所确定的点坐标代入，可得肋筋纵截面外缘曲率半径r为

$$r = \frac{\left(d_{max} - d_{min}\right)^2 - L_0^2}{4\left(d_{max} - d_{min}\right)} \tag{1-9}$$

至此，肋筋沿自身长度方向的尺寸变化被完全地参数化表征了。d_{min}，d_{max}，r都是参数化建模中所需的基本输入量，它们都可以基于纵向形状参数t计算得到。图1-18是不同纵向形状参数t对应的肋筋形状，可以看出参数t对肋筋纵向形状的改变是很显著的。

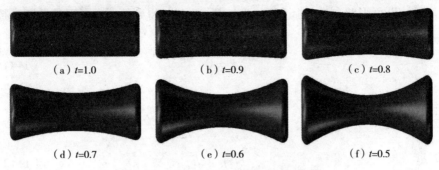

（a）t=1.0　　　　　（b）t=0.9　　　　　（c）t=0.8

（d）t=0.7　　　　　（e）t=0.6　　　　　（f）t=0.5

图1-18　不同纵向形状参数t的肋筋形状

（2）肋筋断面形状参数（cross-sectional shape parameter）k：表征肋筋断面形状的变化，即肋筋断面偏离圆形的程度。实际的泡沫肋筋断面多呈现非圆形，如聚氨酯肋筋断面多呈现内凹的三角形状，铝肋筋断面多呈现略外凸的三角形状，氧化铝肋筋断面则接近圆形。如图1-19所示，断面形状参数k的定义为

$$k = \frac{R}{r} \tag{1-10}$$

式中：R为等边三角形外接圆（图1-19中的浅色虚线圆）半径；r为等边三角形一边上的外/内接圆弧（图1-19中的实曲线）的曲率半径，内凹取负、外凸取正。

理论上，$k \in \left[-1/\sqrt{3}, 1\right]$，$k < 0$表示内凹断面，$k > 0$表示外凸断面。特别地，$k=-1/\sqrt{3}$表示最大曲率的内凹三角形断面，$k=0$表示等边三角形断面，$k=1$表示圆形断面。实际上，真实泡沫肋筋中很难出现$k = -1/\sqrt{3} \approx -0.577$的极限情况，统计结果表明，常见泡沫肋筋的$k \in \left[-0.3, 1\right]$。

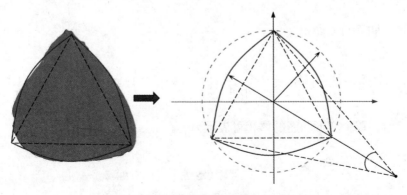

图1-19　肋筋的断面形状参数k（$k=R/r$）

基于断面形状参数k的定义，可由式（1-10）得到等边三角形外接圆半径

$$R = kr \tag{1-11}$$

进而可得等边三角形边长

$$a = \sqrt{3}R = \sqrt{3}kr \tag{1-12}$$

和一个外/内接圆弧对应的圆心角

$$\alpha = 2\arcsin\left(\frac{\sqrt{3}}{2}k\right) \tag{1-13}$$

进而可得一个外/内接圆弧对应的扇形面积

$$S_{\mathrm{fan}} = \frac{1}{2}\alpha r^2 = r^2 \arcsin\left(\frac{\sqrt{3}}{2}k\right) \tag{1-14}$$

和一个外/内接圆弧对应的三角形面积

$$S_{\mathrm{fan\text{-}\triangle}} = \frac{1}{2}a\sqrt{r^2 - \left(\frac{1}{2}a\right)^2} = \frac{\sqrt{3}}{4}kr^2\sqrt{4 - 3k^2} \tag{1-15}$$

联立式（1-14）和式（1-15），可得一个外/内接圆弧对应的弓形面积

$$S_{\mathrm{bow}} = S_{\mathrm{fan}} - S_{\mathrm{fan\text{-}\triangle}} = r^2\left(\arcsin\left(\frac{\sqrt{3}}{2}k\right) - \frac{\sqrt{3}}{4}k\sqrt{4 - 3k^2}\right) \tag{1-16}$$

进而可得肋筋断面面积

$$S_0 = S_{\triangle a} + 3S_{\mathrm{bow}} = 3r^2\left[\frac{\sqrt{3}}{4}k\left(k - \sqrt{4 - 3k^2}\right) + \arcsin\left(\frac{\sqrt{3}}{2}k\right)\right] \tag{1-17}$$

此时，单个变形肋筋的体积可表示为

$$V_0 = S_0 L_0 \tag{1-18}$$

联立式（1–18）和式（1–6），可得肋筋断面外缘曲率半径

$$r = d_0 \sqrt{\dfrac{\pi}{\sqrt{3\sqrt{3}k\left(k - \sqrt{4 - 3k^2}\right) + 12\arcsin\left(\dfrac{\sqrt{3}}{2}k\right)}}} \qquad （1–19）$$

至此，肋筋断面的形状变化被完全参数化表征了。a，r 都是参数化建模中所需的基本输入量，它们都可以基于断面形状参数 k 的计算得到。图1–20是不同参数 k 对应的肋筋断面形状，可以看出，参数 k 对肋筋断面形状的改变是很显著的。

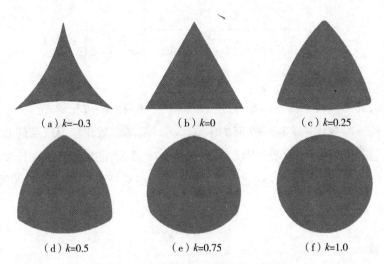

（a）k=-0.3　　　　　（b）k=0　　　　　（c）k=0.25

（d）k=0.5　　　　　（e）k=0.75　　　　　（f）k=1.0

图1–20　不同断面形状参数k的肋筋断面

（3）肋筋中空度参数（hollowness parameter）h：表征肋筋的中空程度。实际的泡沫肋筋中可能存在空腔，这些肋筋空腔对基材不透明金属泡沫辐射传输的影响可以忽略，但对基材半透明陶瓷泡沫辐射传输的影响不可忽视，因此，有必要对泡沫肋筋的中空进行参数化的表征。如图1–21所示，中空度参数 h 的定义为

$$h = \dfrac{S_h}{S_0} \qquad （1–20）$$

式中：S_h 为中空断面面积；S_0 为断面总面积。

理论上，$h \in [0, 1)$，$h=0$表示没有中空（实心）。统计结果表明，真实肋筋的h一般不超过0.3，因此本书取$h \in [0, 0.3]$。

观察发现，陶瓷肋筋的中空断面多呈现内凹三角形状（图1-21中的实线），因此仍然可以采用式（1-10）定义的形状参数k来描述中空断面形状。由式（1-21）可得中空断面面积

$$S_{\mathrm{h}} = S_0 h = \frac{1}{4}\pi d_0^2 h \qquad (1\text{-}21)$$

令$S_{\mathrm{h}}=S_0$，代入式（1-17）可得内凹中空断面的外缘曲率半径

$$r = d_0 \sqrt{\frac{\pi h}{\sqrt{3\sqrt{3}k\left(k-\sqrt{4-3k^2}\right)+12\arcsin\left(\frac{\sqrt{3}}{2}k\right)}}}, \quad k<0 \qquad (1\text{-}22)$$

进而可由式（1-12）得到内凹等边三角形中空横截面的边长$a=\sqrt{3}kr$。

至此，参数化地表征了肋筋的中空。a，r都是参数化建模所需的基本输入量，它们都可以由中空断面形状参数k和中空度参数h推导得到。统计发现不同肋筋的中空断面形状参数k变化不大，约为$k=-0.25$，代入式（1-22）可得

$$r = 3.112d_0\sqrt{h} \qquad (1\text{-}23)$$

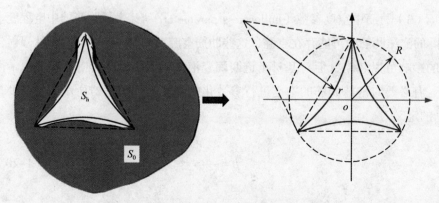

图1-21　肋筋的断面中空度参数h（$h=S_{\mathrm{h}}/S_0$）

图1-22展示了不同参数h对应的肋筋中空断面，可以看出参数h对肋筋中空的改变是很显著的。

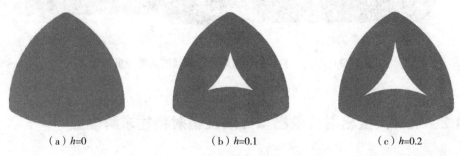

（a）$h=0$　　　　　　　　（b）$h=0.1$　　　　　　　　（c）$h=0.2$

图1-22　不同中空度参数h的肋筋断面

至此，通过纵向形状参数t、断面形状参数k、中空度参数h全面地表征了泡沫肋筋的结构形态。泡沫材料#1～#6的二阶结构参数统计结果如表1-4所列。

表1-4　泡沫材料的二阶结构参数统计结果

泡沫材料	序号	t	k	h
	#1	0.86	0.54	—
	#2	0.88	0.57	
镍泡沫	#3	0.91	0.56	—
	#4	0.86	0.62	
	#5	0.89	0.51	
氧化铝泡沫	#6	0.61	0.85	0.14

图1-23展示了调整前后的肋筋形状，可以明显看出，经过形态调整的肋筋能够更好地反映真实泡沫肋筋的形貌特征。与一阶结构参数φ，d_c相比，参数t，k，h无法直接影响泡沫材料的全局结构，仅能影响"当地"的局部结构，因此把这3个参数称作二阶结构参数。至此，通过2个一阶结构参数（φ，d_c）和3个二阶结构参数（t，k，h），实现了泡沫材料全局和局部孔隙结构的参数化表征，在此称其为"2阶5参数模型"。

需要特别说明，本书所有结构建模均在SolidWorks软件中完成，利用应用程序接口（application program interface，API）编制几何建模控制模块，实现了结构仿真重建的自动化、参数化、定量化控制。

（a）调整前　　　　　　　　　　　　　（b）调整后

图1-23　二阶结构参数对肋筋形状的调整作用

1.2　孔隙尺度辐射传输模拟方法及辐射特性求解模型

1.2.1　基本假设

长期以来，对泡沫材料热辐射传输问题的研究，都将泡沫材料视为一种辐射参与性连续介质，在宏观层次上求解介质辐射传递方程，通过等效介质辐射特性参数，如衰减系数、反照率、相函数，考虑泡沫材料结构和材质的作用，这种研究方法被称为连续尺度模拟方法。孔隙尺度模拟方法则利用真实的三维孔隙结构进行辐射传输仿真，其结果直接基于泡沫材料的孔隙结构和基材辐射物性。

由于孔隙尺度方法的概念是相对于经典的连续尺度方法而存在的，因此首先简单介绍连续尺度辐射传输求解的基本概念。

经典的连续尺度方法，也叫宏观尺度方法，不考虑真实的泡沫孔隙结构，而是将泡沫材料整体视为均质半透明的连续性介质，考虑介质中光谱辐射的吸收、发射、散射等传递现象，如图1-24（a）所示。连续尺度方法常用的基本假设总结如下：

（1）等效半透明介质为均匀、各向同性材料，考虑介质内的发射、吸收、散射等辐射传递过程。

（2）假设各向同性或各向异性散射。

（3）等温问题中忽略自身发射的影响。

（4）介质辐射特性（衰减系数、散射反照率、相函数等）是均匀的。

（5）由于孔隙率较高，等效半透明介质的折射率通常取1。

目前，针对半透明介质的辐射传输求解，其数值计算方法已经比较成熟，常见的有离散坐标法（discrete ordinates method，DOM）、有限体积法（finite volume method，FVM）、蒙特卡罗射线踪迹法（Monte Carlo ray-tracing method，MCRTM）、有限元法（finite element method，FEM）等。

　　孔隙尺度方法也叫离散尺度方法，其在真实的泡沫孔隙结构中求解辐射传递过程，如图1-24（b）所示。根据固体基材对辐射的透明性，可以将泡沫材料分为基材不透明和基材半透明两种。基材不透明泡沫材料中的辐射传输可以简化为肋筋间的表面辐射传递问题；基材半透明泡沫材料的每一个肋筋都可视为半透明介质，辐射传递求解属于介质辐射传输范畴。在孔隙尺度辐射传输求解中，常用的假设有：

　　（1）辐射传输满足几何光学假设。肋筋作为泡沫材料中的基本散射体，可取其直径作为特征尺寸。本书所研究的泡沫肋筋直径d_0均大于366 μm（见表1-2），对于可见光及部分红外辐射（如$\lambda < 10$ μm），其尺度参数$x = \pi d_0 / \lambda > 115 \gg 1$，因此可以认为几何光学假设对孔隙尺度辐射传输是适用的。基于此假设，可忽略光的波动性造成的干涉和衍射等效应。

　　（2）等温问题中忽略泡沫材料自身发射的影响。

　　（3）空隙相（一般为空气）对于辐射为透明介质，固体相（肋筋）对于辐射为不透明或半透明介质。通常，将金属和碳化硅陶瓷肋筋等视为不透明介质，将二氧化硅、氧化铝陶瓷肋筋等视为半透明介质。本质上，这取决于肋筋自身的光学厚度。

　　（4）对于不透明肋筋，固体表面反射常被假设为镜反射或漫反射或镜漫混合反射，用一个镜漫反射比例参数f_s表征镜反射所占比例。

　　（5）对于半透明肋筋，常假设固体表面满足菲涅耳反射和斯涅尔定律，这种假设对氧化类陶瓷和二氧化硅材质的肋筋都是可以接受的。而常假设半透

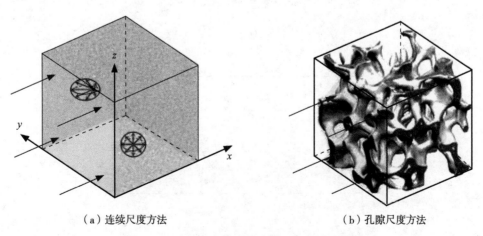

（a）连续尺度方法　　　　　　　　　（b）孔隙尺度方法

图1-24　连续尺度方法与孔隙尺度方法示意图

明肋筋内部为均质的参与性介质，其辐射传输计算依赖于基材的介质辐射物性参数（衰减系数、散射反照率、相函数等）。对于由微小颗粒组成的氧化陶瓷基材，其肋筋内的相函数一般被假设为各向同性。

以上假设允许在求解泡沫材料的辐射传输中使用辐射传递方程（radiative transfer equation，RTE）：

$$s \cdot \nabla I_\lambda(\boldsymbol{r},\ \boldsymbol{s}) = \kappa_\lambda(\boldsymbol{r}) I_{b\lambda}(\boldsymbol{r}) - \beta_\lambda(\boldsymbol{r}) I_\lambda(\boldsymbol{r},\ \boldsymbol{s}) + \frac{\sigma_{s\lambda}(\boldsymbol{r})}{4\pi} \int_{4\pi} I_\lambda(\boldsymbol{r},\ \boldsymbol{s'}) \Phi_\lambda(\boldsymbol{r},\ \boldsymbol{s'},\ \boldsymbol{s}) \, \mathrm{d}\Omega' \quad (1-24)$$

式中：I_λ 为辐射强度；$\boldsymbol{r}$ 为位置向量；$\boldsymbol{s}$ 为传递方向向量；$\boldsymbol{s'}$ 为入射方向向量；Φ_λ 为散射相函数；Ω' 为立体角；κ_λ、β_λ、$\sigma_{s\lambda}$ 为吸收系数、衰减系数、散射系数。后文为了简洁，光谱下标 λ 有时会被省略。

一方面，由于孔隙尺度方法直接采用随机的泡沫孔隙结构进行辐射传输计算，且这些结构十分复杂庞大，因此除MCRTM外，目前并没有其他特别有效的辐射传输求解方法。另一方面，MCRTM被认为是一种高精度求解方法，其计算结果常被用作基准值。因此本书选择MCRTM作为泡沫材料孔隙尺度辐射传输的计算方法。同时，为了保持一致性，连续尺度的辐射传输求解也采用MCRTM。

下面将分别描述基于MCRTM的连续尺度和孔隙尺度辐射传输模拟方法。

1.2.2 辐射传输模拟方法

1.2.2.1 连续尺度辐射传输模拟方法

考虑一个厚度为 L 的一维等温吸收散射性介质层，如图1-25所示。在 $x=0$

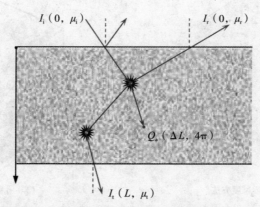

图1-25 一维吸收散射性介质层内的辐射传递示意图

的边界上有方向为μ_i（$\mu_i = \cos\theta_i$）的准直入射辐射I_i（0，μ_i）。由于泡沫材料具有高孔隙性，等效介质层的边界可看作透明边界，介质层的等效折射率近似为1。因此，边界条件可写为

$$I(0, \mu) = I_i(0, \mu_i) \qquad\qquad (1-25)$$

$$I(L, -\mu) = 0 \qquad\qquad (1-26)$$

边界两侧的辐射强度关系为

$$I_i(0, -\mu_i) = I(0, -\mu) \qquad\qquad (1-27)$$

$$I_i(L, \mu_i) = I(L, \mu) \qquad\qquad (1-28)$$

辐射能束在吸收散射性介质中经历衰减、散射、吸收等过程，直到被介质吸收或离开介质。介质层表观辐射特性可用辐射强度和能量表示。

方向-方向反射率：

$$R_{DD} = \frac{I_r(0, \mu_r)}{I_i(0, \mu_i)} \qquad\qquad (1-29)$$

方向-半球反射率：

$$R_{DH} = \frac{Q_r(0, 2\pi)}{Q_i(0, \mu_i)} \qquad\qquad (1-30)$$

方向-方向透射比：

$$T_{DD} = \frac{I_t(0, \mu_t)}{I_i(0, \mu_i)} \qquad\qquad (1-31)$$

方向-半球透射比：

$$T_{DH} = \frac{Q_t(0, 2\pi)}{Q_i(0, \mu_i)} \qquad\qquad (1-32)$$

方向吸收率：

$$A_{\mathrm{D}} = \frac{Q_{\mathrm{a}}(\Delta L, 4\pi)}{Q_{\mathrm{i}}(0, \mu_{\mathrm{i}})} \tag{1-33}$$

半球吸收率：

$$A_{\mathrm{H}} = \frac{Q_{\mathrm{a}}(\Delta L, 4\pi)}{Q_{\mathrm{i}}(0, 2\pi)} \tag{1-34}$$

双向反射分布函数（bidirectional reflectance distribution function，BRDF）：

$$BRDF(\mu_{\mathrm{i}}, \mu_{\mathrm{r}}) = \frac{I_{\mathrm{r}}(0, \mu_{\mathrm{i}}, \mu_{\mathrm{r}})}{I_{\mathrm{i}}(0, \mu_{\mathrm{i}})\mu_{\mathrm{i}}\mathrm{d}\Omega} \tag{1-35}$$

MCRTM通过跟踪辐射能束从发生到消失过程中的一切行为，提取一系列随机变量的统计特征，从而求解参与性介质内的辐射传递过程。当光束在吸收散射性介质内传输时，会不断衰减，光线衰减距离的概率模型为

$$l_{\beta} = -\frac{1}{\beta}\ln(1 - \zeta_{\beta}) \tag{1-36}$$

式中：ζ_{β} 为衰减距离的均匀分布随机数，$\zeta_{\beta} \in [0, 1]$。

当光束达到衰减距离后，若此时光线落点在介质外，则此光束溢出系统，这时根据其出射方向，判断其为透射还是反射并进行记录，然后重新发射；若落点仍在介质层内，则继续判断其被散射还是被吸收。

$$\begin{cases} \zeta_{\omega} < \omega, & \text{被散射} \\ \zeta_{\omega} > \omega, & \text{被吸收} \end{cases} \tag{1-37}$$

式中：ζ_{ω} 为散射概率的均匀分布随机数，$\zeta_{\omega} \in [0, 1]$；$\omega$ 为介质的散射反照率。

若光束被吸收，则记录并返回重新发射；若光束被散射，则根据散射相函数的累积概率分布函数获取其散射天顶角。

$$\zeta_{\theta_{\mathrm{p}}} = 0.5\int_{0}^{\theta_{\mathrm{p}}} \Phi(\theta'_{\mathrm{p}})\sin\theta'_{\mathrm{p}}\mathrm{d}\theta'_{\mathrm{p}} \tag{1-38}$$

通常认为散射在圆周方向是均匀的，因此，散射圆周角可取

$$\varphi_p = 2\pi\zeta_{\varphi_p} \qquad (1-39)$$

上述散射方向 $(\theta_p,\ \varphi_p)$ 是相对于当地入射方向而言的，因此需要转化到系统坐标系下，变换关系为

$$\cos\theta_p = \cos\theta'_s \cos\theta'_s + \sin\theta_s \cos\theta'_s \cos(\varphi_s - \varphi'_s) \qquad (1-40)$$

$$\cos\theta_s = \cos\varphi_p \sin\theta'_s \sin\theta_p + \cos\theta'_s \cos\theta_p \qquad (1-41)$$

式中：θ_p 为当地坐标系下的散射天顶角；φ_p 为当地坐标系下的散射圆周角；θ'_s 为系统坐标系下的入射天顶角；φ'_s 为系统坐标系下的入射圆周角；θ_s 为系统坐标系下的散射天顶角；φ_s 为系统坐标系下的散射圆周角。

当 θ_p，φ_p，θ'_s，φ'_s 已知时，可由式（1-40）和式（1-41）得到系统坐标系下的散射方向 $(\theta_s,\ \varphi_s)$，光束继续沿着新的散射方向传输。

在用MCRTM计算时，可通过统计光线的最终归宿确定各类辐射量，用辐射强度表示的式（1-29）～式（1-35）可改写成基于光线数量的表达式。

方向-方向反射率：

$$R_{DD} = \frac{N_r(0, \mu_r)}{N_i(0, \mu_i)} \qquad (1-42)$$

方向-半球反射率：

$$R_{DH} = \frac{N_r(0, 2\pi)}{N_i(0, \mu_i)} \qquad (1-43)$$

方向-方向透射比：

$$T_{DD} = \frac{N_t(0, \mu_t)}{N_i(0, \mu_i)} \qquad (1-44)$$

方向-半球透射比：

$$T_{DH} = \frac{N_t(0, 2\pi)}{N_i(0, \mu_i)} \qquad (1-45)$$

方向吸收率：

$$A_\mathrm{D} = \frac{N_\mathrm{a}(\Delta L, 4\pi)}{N_\mathrm{i}(0, \mu_\mathrm{i})} \qquad (1\text{--}46)$$

半球吸收率：

$$A_\mathrm{H} = \frac{N_\mathrm{a}(\Delta L, 4\pi)}{N_\mathrm{i}(0, 2\pi)} \qquad (1\text{--}47)$$

BRDF：

$$BRDF(\mu_\mathrm{i}, \mu_\mathrm{r}) = \frac{N_\mathrm{r}(0, \mu_\mathrm{i}, \mu_\mathrm{r})}{N_\mathrm{i}(0, \mu_\mathrm{i})\mu_\mathrm{r}\Delta\varOmega_\mathrm{r}} \qquad (1\text{--}48)$$

总之，连续尺度辐射传输模拟方法通过跟踪和记录等效半透明介质内的光束行为，最终获得表观辐射特性的确定解。由式（1–36）~ 式（1–38）可知，连续尺度计算的准确性依赖于介质辐射特性的可靠性，这将在下文阐述。

1.2.2.2 离散坐标法辐射传输模型

DOM在计算辐射传递方程（RTE）时，会将整个球形的辐射计算转换为计算1/8球形区域内的RTE以提高计算精度。而相比于Monte Carlo模型（MCM），离散坐标模型又可以兼顾计算精度与计算成本，所以本书选定离散坐标模型作为辐射模型。

利用DOM计算辐射传递问题时，辐射传递方程将会视为给定方向的场方程，同时，在4π角空间中，基于角度离散化的微分辐射传递方程［式（1–49）］可以转化为半离散方程［式（1–50）］：

$$\bar{s}\cdot\nabla I_\lambda(\bar{r},\ \bar{s}) + \beta_\lambda I_\lambda(\bar{s},\ \bar{r}) = \kappa_\lambda I_{\mathrm{b}\lambda}(T) + \frac{\sigma_{s\lambda}}{4\pi}\int_0^{4\pi} I_\lambda(\bar{r},\ \bar{s})\varPhi(\bar{r},\ \bar{s}',\ \bar{s})d\varOmega' \qquad (1\text{--}49)$$

$$\bar{s}_1\cdot\nabla I_1(\bar{r},\ \bar{s}_1) + \beta I_1(\bar{s},\ \bar{r}_1) = \kappa I_\mathrm{b} + \sigma_s\sum_{j=1}^{N}\omega_j I_j(\bar{r},\ \bar{s}'_j)\varPhi_{1,j}(\bar{r},\ \bar{s}'_j,\ \bar{s}_1)$$

$$\vdots$$

$$\bar{s}_i\cdot\nabla I_i(\bar{r},\ \bar{s}_i) + \beta I_i(\bar{r},\ \bar{s}_i) = \kappa I_\mathrm{b} + \sigma_s\sum_{j=1}^{N}\omega_j I_j(\bar{r},\ \bar{s}'_j)\varPhi_{i,j}(\bar{r},\ \bar{s}'_j,\ \bar{s}_i) \qquad (1\text{--}50)$$

$$\vdots$$

$$\bar{s}_N\cdot\nabla I_N(\bar{r},\ \bar{s}_N) + \beta I_N(\bar{r},\ \bar{s}_N) = \kappa I_\mathrm{b} + \sigma_s\sum_{j=1}^{N}\omega_j I_j(\bar{r},\ \bar{s}'_j)\varPhi_{N,j}(\bar{r},\ \bar{s}'_j,\ \bar{s}_N)$$

式中：$\vec{r}$ 为位置矢量；$\vec{s}$ 为传播方向矢量；$\vec{s}'$ 为入射方向矢量；$\vec{s}_1$ 为数 N 的微元；$I_i(\vec{r})$ 为辐射强度，W/m^2；Φ 为散射相位函数，sr^{-1}；Ω' 为立体角；I_λ 为光谱辐射强度，$W/(m^2 \cdot sr)$；$I_{b\lambda}$ 为普朗克函数给出的黑体强度，$W/(m^2 \cdot sr)$；β_λ 为光谱衰减系数；κ_λ 为光谱吸收系数；$\sigma_{s\lambda}$ 为光谱反射系数。

离散坐标模型的原理如图1-26所示，每个控制角 Ω_i 的加权因子 ω_i 都由4π角空间内给定的天顶角 $\Delta\theta_i$ 和方位角 $\Delta\varphi_i$ 确定，所以控制角离散的问题可以转变为非结构化网格是否适当地塑造了模型的问题。同时，因为DOM和此种变化都是基于全局坐标系的，所以对于图中的传入单元体积 C_1 和 C_2，控制角横跨单元体积接口 F_{1-2}，将辐射传入量和辐射传出量视为连续量进行计算。

在研究辐射能量在泡沫材料中的传递过程时，泡沫材料的物性参数是影响辐射能量在泡沫材料中传递的主要因素，因此会使用到多孔介质的一些基本理论，本书将泡沫材料视为各向同性的均匀多孔介质。多孔介质理论在有限体积法分析中，通过添加与各个控制方程相对应的源项进行处理。

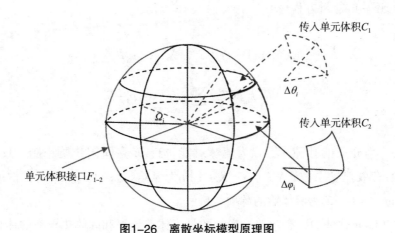

图1-26　离散坐标模型原理图

多孔介质模块对动量方程的处理主要是对方程添加一个动量源项

$$S_i = \sum_{j=1}^{3} D_{ij}\mu\upsilon_j + \sum_{j=1}^{3} D_{ij}\frac{1}{2}\rho\upsilon_{mag}\upsilon_j \qquad （1-51）$$

式中：S_i为x，y，z方向上的动量源项，kg·m/s；D_{ij}为由$1/a$对角单元的对角矩阵；μ为动力黏度，N·s/m^2；v_j为x，y，z方向上的速度分量，m/s；v_{mag}为速度，m/s；ρ为混合气体密度，kg/m^3。

在简单、均匀的多孔介质上，动量源项还可以使用以下简化数学模型

$$S_i = -\left(\frac{\mu}{a} v_i + C_2 \rho v_{mag} v_i \right) \tag{1-52}$$

式中：a为多孔介质的渗透性，cm^2；C_2为惯性阻力因子。

同时，在Fluent软件中还可以通过速度的指数律作为源项的模型

$$S_i = -C_0 \lfloor v \rfloor^{C_1} = -C_0 \lfloor v \rfloor^{(C_1-1)} v_i \tag{1-53}$$

式中：C_0和C_1为自定义的经验常数。其中，压力降是各向同性的，C_0的单位为国际单位制。

多孔介质对能量方程的影响主要体现在对对流项和时间导数项的修正上，进行修正后的能量方程为

$$\frac{\partial}{\partial t} \left[\gamma \rho_f E_f + (1-\gamma) \rho_s E_s \right] + \nabla \cdot \left[v \left(\rho_f E_f + \rho \right) \right] =$$
$$\nabla \cdot \left(k_{eff} \nabla T - \sum_i h_i J_i + \tau \cdot v \right) + S_f^h \tag{1-54}$$

式中：γ为介质的孔隙率；E_f为流体总能，J；E_s为固体介质总能，J；k_{eff}为介质的有效热导系数，W/（m·K）；h_i为显焓，J；J_i为介质的扩散通量，kg/（m^2·s）；S_f^h为流体焓的源项，J。

在Fluent软件中，有效热导率指的是流体热导率和固体热导率的体积平均值：

$$k_{eff} = \gamma k_f + (1-\gamma) k_s \tag{1-55}$$

式中：k_f为流体的热导系数，W/（m·K）；k_s为固体的热导系数，W/（m·K）。

1.2.3　基材不透明泡沫的孔隙尺度辐射传输模拟方法

如前所述，孔隙尺度辐射传输模拟需要解决两个问题：第一，如何求解辐射在泡沫孔隙结构中的传递，这是基础问题；第二，如何建立等效介质辐射特性的孔隙尺度求解模型，这是关键问题。前者是后者的基础，后者是前者的目的。

本节首先建立基材不透明泡沫材料的孔隙尺度辐射传输计算方法和等效介质辐射特性的孔隙尺度求解模型。孔隙尺度辐射传输的典型物理模型如图1-27所示，整个计算域可以看作一个两相系统：一相是对辐射完全透明的空隙相；另一相是对辐射不透明的固体相（如金属）。因此，基材不透明泡沫材料中的辐射传输可以被视为固体肋筋间的表面辐射传递问题。

当光束入射肋筋表面时，其行为由式（1-56）判断：

$$\begin{cases} \zeta_\rho < \rho(\theta_i)，被反射 \\ \zeta_\rho > \rho(\theta_i)，被吸收 \end{cases} \tag{1-56}$$

式中：ζ_ρ 为肋筋反射率均匀分布随机数，$\zeta_\rho \in [0, 1]$；$\rho(\theta_i)$ 为肋筋的基材反射率，可由试验测量或菲涅尔定律计算获得：

$$\rho(\theta_i) = \frac{1}{2}\left[\frac{(n_2 - n_1/\cos\theta_i)^2 + \kappa_2^2}{(n_2 + n_1/\cos\theta_i)^2 + \kappa_2^2} + \frac{(n_2 - n_1\cos\theta_i)^2 + \kappa_2^2}{(n_2 + n_1\cos\theta_i)^2 + \kappa_2^2}\right] \tag{1-57}$$

若光束被吸收，则记录并返回重新发射；若光束被反射，则确定反射方向并继续跟踪。在此定义镜漫反射比例参数 $f_s \in [0, 1]$，表征反射中镜反射所占份额，则反射类型可由式（1-58）判断：

$$\begin{cases} \zeta_{f_s} < f_s，镜反射 \\ \zeta_{f_s} > f_s，漫反射 \end{cases} \tag{1-58}$$

若发生镜反射，则反射方向可由式（1-59）确定：

$$\boldsymbol{m}_s = \boldsymbol{m}_i - 2(\boldsymbol{n}_r \cdot \boldsymbol{m}_i) \cdot \boldsymbol{n}_r \tag{1-59}$$

式中：m_i为入射方向单位向量；m_s为镜反射方向单位向量；n_r为肋筋当地外法向单位向量，指向空隙方向。

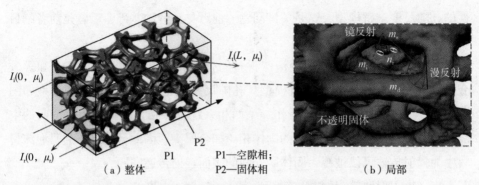

P1—空隙相；
P2—固体相

（a）整体   （b）局部

图1-27 光线在基材不透明泡沫材料中的传递示意图

若发生漫反射，则首先在当地坐标系（肋筋外法向）下产生一个漫反射方向

$$\theta_r = \arccos\sqrt{1-\zeta_{\theta r}} \qquad (1\text{-}60)$$

$$\varphi_r = 2\pi\zeta_{\varphi r} \qquad (1\text{-}61)$$

式中：$\zeta_{\theta r}$为反射天顶角的均匀分布随机数，$\zeta_{\theta r}\in[0,1]$；$\zeta_{\varphi r}$为反射圆周角的均匀分布随机数，$\zeta_{\varphi r}\in[0,1]$。

然后将当地坐标系下的漫反射方向转换到系统坐标系下：

$$\boldsymbol{m}_d = \begin{pmatrix} \cos A_x & \cos A_y & \cos A_z \\ \cos B_x & \cos B_y & \cos B_z \\ \cos C_x & \cos C_y & \cos C_z \end{pmatrix}\begin{pmatrix} \sin\theta_r\cos\varphi_r \\ \sin\theta_r\sin\varphi_r \\ \cos\theta_r \end{pmatrix} \qquad (1\text{-}62)$$

式中：A，B，C为当地坐标系坐标轴与系统坐标系坐标轴的夹角；下标x，y，z为三个坐标轴。

确定光束的反射方向后，继续在泡沫孔隙结构中跟踪光束踪迹，直到光束被吸收或溢出泡沫结构。通过跟踪大量光束在泡沫孔隙结构中的传递，可统计获得泡沫材料的各类表观辐射特性数据，其计算可采用式（1-42）~式（1-

48）的表达形式。

至此，解决了本小节开始时提出的两个问题之一，即如何求解辐射在泡沫孔隙结构中的传递。回顾1.2.2可以发现，连续尺度方法计算的准确性依赖于等效介质辐射特性的可靠性［见式（1-36）～式（1-38）］。因此，孔隙尺度辐射传输需要解决的第二个关键问题是如何建立等效介质辐射特性的孔隙尺度求解模型，进而获取等效介质辐射特性参数（一般为衰减系数、散射反照率、散射相函数）。

图1-28展示了基于衰减自由程和散射分布统计的介质辐射特性求解模型示意图。其核心思想是将肋筋视作基本散射体，通过统计光束在肋筋间的平均衰减距离来获取衰减系数，通过统计散射行为所占比例确定散射反照率，通过统计散射方向分布确定散射相函数。具体步骤如下：

（1）在肋筋表面随机位置以指向空隙空间的随机方向θ_e发射光线j。

（2）追踪光线轨迹，直到与泡沫材料内的肋筋相交，此时记录自由衰减距离l_{free}, j。

（3）判断是否被散射（反射），若被散射，累加散射次数N_s并记录散射方向$W(\theta_s)$；否则累加吸收次数N_a。

（4）停止当前光线追踪。

（5）若发射光线数达到N_e（直接溢出泡沫结构的光线视为无效，不统计在内），结束；否则返回步骤（1）。

在完成上述步骤后，介质辐射特性可以通过下式确定。

$$\beta = \frac{1}{\overline{l}_{\text{free}}} = \frac{1}{\dfrac{1}{N_e}\displaystyle\sum_{j=1}^{N_e} l_{\text{free}, j}} \tag{1-63}$$

$$\omega = \frac{N_s}{N_e} = 1 - \frac{N_a}{N_e} \tag{1-64}$$

$$\varPhi(\theta_s) = \frac{W(\theta_s)}{\dfrac{1}{4\pi}\displaystyle\int_0^{4\pi} W(\theta_s)\,\mathrm{d}\varOmega} \tag{1-65}$$

通过式（1-63）～式（1-65）建立的求解模型，可以直接将等效介质辐射特性与泡沫孔隙结构、基材辐射物性及孔隙辐射传递过程联系起来，最终可以建立介质辐射特性关联式。

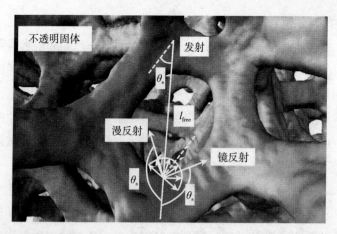

图1-28　基于衰减自由程和散射分布统计的介质辐射特性求解模型示意图

1.2.4　基材半透明泡沫的孔隙尺度辐射传输模拟方法

与基材不透明泡沫材料的辐射传输相比，基材半透明泡沫材料中的辐射传输不再仅仅是肋筋间的表面辐射传递，还包括肋筋内的介质辐射传输，每一个半透明的肋筋都是一个参与性介质，这些肋筋互相连接在一起，构成了一个复杂的半透明介质系。

基材半透明泡沫材料的孔隙尺度辐射传递的典型物理模型如图1-29所示，整个计算域可以被看作一个两相系统：一相是对辐射完全透明的空隙相；另一相是对辐射半透明的固体相（如多数氧化陶瓷）。

当光束入射肋筋表面时，其行为由下式判断：

$$\begin{cases} \zeta_\rho < \rho(\theta_i, \theta_t), \text{ 被反射} \\ \zeta_\rho > \rho(\theta_i, \theta_t), \text{ 被折射} \end{cases} \tag{1-66}$$

式中：ζ_ρ 为反射率均匀分布随机数，$\zeta_\rho \in [0, 1]$；$\rho(\theta_i, \theta_t)$ 为固体肋筋反射率，可由试验测量或菲涅耳定律计算获得。

$$\rho(\theta_i, \theta_t) = \frac{1}{2}\left[\frac{\tan^2(\theta_i - \theta_t)}{\tan^2(\theta_i + \theta_t)} + \frac{\sin^2(\theta_i - \theta_t)}{\sin^2(\theta_i + \theta_t)}\right] \tag{1-67}$$

若光束被反射，则仍采用式（1-58）～式（1-62）确定反射类型和反射方向，然后继续追踪光束踪迹；若光束被折射，折射角由斯涅尔定律确定。

$$\frac{\sin\theta}{\sin\theta_t} = \frac{n_2}{n_1}\qquad(1\text{-}68)$$

式中：n 为折射率，下标1和2分别代表相1和相2。

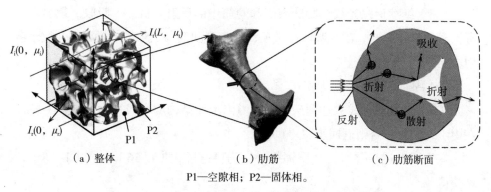

（a）整体　　　　　（b）肋筋　　　　　（c）肋筋断面

P1—空隙相；P2—固体相。

图1-29　光线在基材半透明泡沫材料中的传递示意图

　　确定折射方向后，光束进入半透明肋筋，可按照介质辐射传输的计算方法继续追踪光线的传递，即首先按照式（1-36）确定衰减距离，在达到衰减距离后，按照式（1-37）判断是吸收还是散射：若吸收，则记录并返回；若散射，则根据式（1-38）~式（1-41）计算其散射方向并继续跟踪。特别说明，在使用式（1-36）~式（1-38）时，依赖于半透明基材的介质辐射特性。最终，直到光线被吸收或溢出泡沫结构，停止跟踪。通过跟踪大量光束在泡沫孔隙结构中的传输，统计获得泡沫材料的各种表观辐射特性数据，这些特性参数仍可采用式（1-42）~式（1-48）计算。

　　至此建立了辐射在基材半透明泡沫材料中的传递模拟方法。回顾式（1-36）~式（1-38）可以发现，连续尺度方法计算的准确性依赖于等效介质辐射特性的可靠性。因此，需要继续建立等效介质辐射特性的孔隙尺度求解模型，获取基材半透明泡沫材料的衰减系数、散射反照率、散射相函数等介质辐射特性数据。

　　图1-30展示了基于衰减自由程和散射分布统计的介质辐射特性求解模型示意图。其核心思想是将肋筋视作基本散射体，通过统计光束在肋筋间的平均衰减距离来获取衰减系数；通过统计散射行为所占比例确定散射反照率；通过

统计散射方向分布确定散射相函数。与基材不透明的泡沫材料相比，基材半透明时，每一个肋筋都是一个半透明参与性介质，导致求解更加复杂，相关影响因素也更多。

基材半透明的泡沫材料的等效介质辐射特性求解步骤如下：

（1）在肋筋表面随机位置以指向空隙空间的随机方向θ_e发射光线j。

（2）追踪光线轨迹，直到与肋筋相交，记录自由衰减距离$l_{\text{free}, j}$。

（3）继续追踪光线在肋筋表面和肋筋中的反射、折射、吸收、散射等过程。若光线被吸收，累加吸收次数N_a；若离开肋筋，累加散射次数N_s并记录散射方向$W(\theta_s)$。

（4）停止当前光线追踪。

（5）若发射光线数达到N_e（直接溢出泡沫结构的光线视为无效，不统计在内），结束；否则返回步骤（1）。

在完成上述步骤后，介质辐射特性仍可通过式（1–56）～式（1–58）计算获得。

通过上述求解模型，可以直接将等效介质辐射特性与孔隙结构、基材辐射物性、孔隙尺度辐射传递过程等联系起来，最终可以建立介质辐射特性关联式。

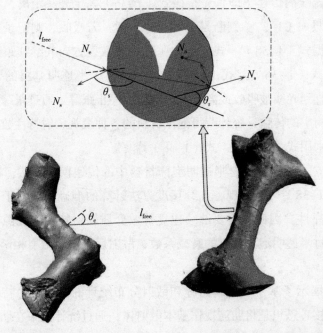

图1–30 基于衰减自由程和散射分布统计的介质特性求解模型示意图

除衰减系数、散射反照率、散射相函数外，加权介质辐射特性也是描述泡沫材料辐射特性的常用参数。

（1）非对称因子。

$$g = \frac{1}{4\pi}\int_0^{4\pi} \Phi(\theta_s)\cos\theta_s \mathrm{d}\Omega = 0.5\int_0^{\pi} \Phi(\theta_s)\cos\theta_s \sin\theta_s \mathrm{d}\theta_s \qquad (1\text{-}69)$$

非对称因子g描述了散射辐射分布：$-1 < g < 0$表示后向占优；$0 < g < 1$表示前向占优；$g=0$表示各向同性散射。

（2）加权介质辐射特性。

$$\sigma_s^* = \sigma_s (1-g) \qquad (1\text{-}70)$$

$$\beta^* = \kappa + \sigma_s^* \qquad (1\text{-}71)$$

$$\omega^* = \sigma_s^* / \beta^* \qquad (1\text{-}72)$$

加权介质辐射特性考虑了散射再分布对辐射传输的影响。在后续研究中，除重点关注介质辐射特性外，也将适度关注加权辐射特性。

1.2.5　求解定向辐射特性的反向MCRTM

在光学系统的辐射传输计算中，如果探测器的接收面积或探测立体角很小，正向MCRTM的计算效率将大幅下降，甚至难以收敛，而反向MCRTM可高效计算这类大辐射体对小探测器的辐射传输问题。这对泡沫材料的辐射传输计算也有所启示，可利用反向MCRTM快速求解定向发射率、等效黑体温度等定向特性，进而加速收敛。在此简单阐述反向MCRTM在泡沫材料中的计算原理。

对于一个任意的泡沫材料，如图1-31所示，令I_1和I_2为辐射传递方程的两个不同的解（设I_1是目标解）：

$$s \cdot \nabla I_j(r,s) = S_j(r,s) - \beta(r) I_j(r,s) + \frac{\sigma_s(r)}{4\pi}\int_{4\pi} I_j(r,s')\Phi(r,s',s)\mathrm{d}\Omega'$$

$$(1\text{-}73)$$

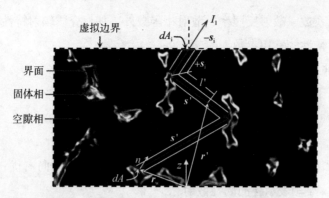

图1-31　泡沫材料中的反向MCRTM原理示意图

服从边界条件

$$I_j\left(r_\mathrm{w},\ s\right)=I_{\mathrm{w}j}\left(r_\mathrm{w},\ s\right),\ j=1,\ 2 \tag{1-74}$$

反向MCRTM求解辐射传输方程的核心是光束传递过程中的互易性定理：

$$\int_A\int_{n\cdot s>0}\left[I_{\mathrm{w}2}(r_\mathrm{w},\ s)I_1(r_\mathrm{w},\ -s)-I_{\mathrm{w}1}(r_\mathrm{w},\ s)I_2(r_\mathrm{w},\ -s)\right](n\cdot s)\,\delta\Omega'\mathrm{d}A=$$
$$\int_V\int_{4\pi}\left[I_2(r,\ -s)S_1(r,\ s)-I_1(r,\ s)S_2(r,\ -s)\right]\mathrm{d}\Omega'\mathrm{d}V \tag{1-75}$$

式中：A为光线包络面的面积；$n\cdot s>0$为介质所在的半球空间；S_1，S_2为两个解对应的当地辐射源项；V为光线包络面包围的体积。

在反向求解中，如图1-31所示，可通过计算单位辐射强度源在r_i处发出的指向$+s_i$方向的辐射强度I_2，获得r_i处指向$-s_i$方向的辐射强度I_1。上述过程的数学表述为

$$I_{\mathrm{w}2}(r_\mathrm{w},\ s)=0$$
$$S_2(r,\ s)=\delta(r-r_i)\delta(s-s_i)$$
$$I_2(r_i,\ s)=\frac{\delta(s-s_i)}{\mathrm{d}A_i} \tag{1-76}$$

$$I_{\mathrm{w}1}(r_\mathrm{w},\ s)=\varepsilon_\mathrm{w}(r_\mathrm{w})I_\mathrm{b}(r_\mathrm{w})$$
$$S_1(r',\ -s')=\kappa(r')I_\mathrm{b}(r')$$
$$I_1(r_i,\ -s_i)=\int_A\int_{n\cdot s>0}I_{\mathrm{w}1}(r_\mathrm{w},\ s)I_2(r_\mathrm{w},\ -s)(n\cdot s)\mathrm{d}\Omega'\mathrm{d}A+$$
$$\int_V\int_{4\pi}\left[I_2(r,\ -s)S_1(r,\ s)\right]\mathrm{d}\Omega'\mathrm{d}V \tag{1-77}$$

式中：dA_i为垂直于$+s_i$方向的无穷小截面的面积；ε_w为边界面的发射率；δ为Dirac函数，

$$\delta(\boldsymbol{r} - \boldsymbol{r}_i) = \begin{cases} 0, & \boldsymbol{r} \neq \boldsymbol{r}_i \\ \infty, & \boldsymbol{r} = \boldsymbol{r}_i \end{cases} \quad (1-78)$$

最终得到目标解的通用表达形式为

$$I_1(\boldsymbol{r}_i, -\boldsymbol{s}_i) = \varepsilon_w(\boldsymbol{r}_w)I_b(\boldsymbol{r}_w)\exp\left[-\int_0^l \kappa(\boldsymbol{r}')\mathrm{d}l'\right] +$$

$$\int_0^l \kappa(\boldsymbol{r}')I_b(\boldsymbol{r}')\exp\left[-\int_0^{l'} \kappa(\boldsymbol{r}'')\mathrm{d}l''\right]\mathrm{d}l' \quad (1-79)$$

式（1-79）说明任意目标强度均可由界面发射辐射和介质发射辐射两部分表示。

已经有较多研究证明了反向MCRTM能够大幅提高定向辐射特性的计算效率，加速收敛，如参考文献[27]和参考文献[28]的研究结果表明，在求解定向（小空间角）辐射热流时，反向MCRTM的收敛速度约是正向MCRTM的$10^2 \sim 10^4$倍。

1.2.6　程序验证及结果对比

本节首先对所建立的MCRTM（含反向MCRTM）程序在计算一般吸收散射性介质的辐射传输时的可靠性进行验证，然后与文献中对泡沫材料表观特性的计算结果进行比较。

考虑一个一维介质层，其光学厚度为τ（$\tau=\beta L$）、散射反照率为ω、散射相函数为$\Phi(\theta)$，折射率为n（$n=1$）。应用本书所建立的MCRTM程序计算介质层的表观辐射特性，并与文献值进行对比。

1.2.6.1　算例1：各向同性散射

散射相函数为

$$\Phi(\theta) = 1 \quad (1-80)$$

图1-32展示了各向同性散射介质层的表观辐射特性的计算结果与参考文献[29]的对比，可以看出，本书计算结果与参考文献结果吻合得很好。

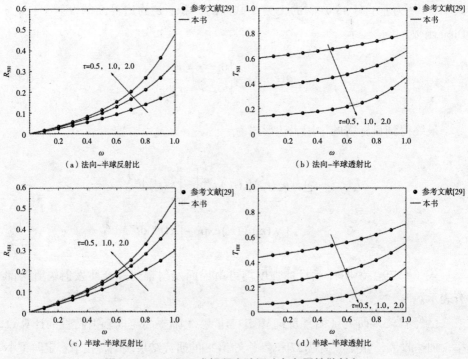

图1-32 MCRTM求解程序验证（各向同性散射）

1.2.6.2 算例2：线性散射

散射相函数为

$$\Phi(\theta) = 1 + a\cos\theta \tag{1-81}$$

图1-33展示了线性散射介质层的表观辐射特性的计算结果与参考文献[29]的对比，可以看出，本书计算结果与参考文献结果吻合得很好。

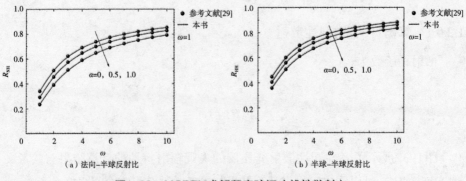

图1-33 MCRTM求解程序验证（线性散射）

1.2.6.3　算例3：非线性散射

散射相函数为

$$\Phi(\theta)=1+b_i P_i(\cos\theta) \tag{1-82}$$

式中：P_i 为勒让德多项式（Legendre polynomial）。

考虑二阶勒让德多项式，式（1-82）可改写为

$$\Phi(\theta)=1+b_1\cos\theta+\frac{b_2}{2}\left(3\cos^2\theta-1\right) \tag{1-83}$$

图1-34展示了非线性散射介质层的表观辐射特性的计算结果与参考文献[29]的对比，可以发现，本书计算结果与参考文献结果吻合得很好。

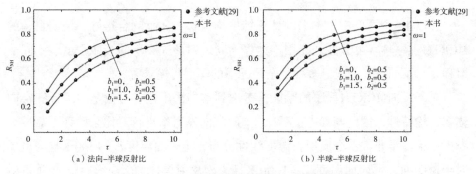

图1-34　MCRTM求解程序验证（非线性散射）

1.2.6.4　算例4：高度非线性散射

散射相函数为

$$\Phi(\theta)=\left(\frac{1.99}{2}\right)\frac{8}{3\pi}\left(\sin\theta-\theta\cos\theta\right)+0.01H\left(\cos\theta-0.99\right) \tag{1-84}$$

式中：H 为Heaviside阶跃函数

$$H(x)=\begin{cases}0, & x<0 \\ 1, & x>0\end{cases} \tag{1-85}$$

图1-35展示了高度非线性散射介质层的表观辐射特性的计算结果与参考文献[29]的对比，可以看出，本书计算结果与参考文献结果吻合得很好。

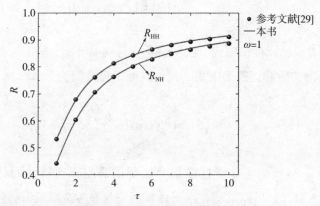

图1-35　MCRTM求解程序验证（高度非线性散射）

在以上4个算例中，本书的计算结果均与参考文献吻合很好，说明自建的MCRTM程序具有可靠性，能用于计算不同入射形式、不同衰减程度、不同散射程度、不同散射方式等多种复杂情况下的辐射传输求解。

对于反向MCRTM程序的验证，考虑到本书采用这种方法是为了计算定向辐射传输特性，因此与参考文献[28]中的定向发射率进行对比来验证可靠性。考虑一个一维非等温介质层，温度线性分布，上表面温度T_{up}=1500 K且为镜反射半透明面，下表面温度T_{low}=1000 K且为漫反射黑体面，ε_{low}=1.0，介质折射率n=1.5，介质层内物性均匀。图1-36展示了介质层上表面的表观方向发射率计算结果对比，其中，算例1的计算参数为τ=1.0，ω=0.0；算例2的计算参数为τ=0.2，ω=1.0，$\Phi(\theta)$=1+cosθ。可以看出，本书计算结果与参考文献[28]结果吻合得很好，说明所编制的反向MCRTM法程序具有可靠性。

综合图1-32～图1-36，说明本书所编制的MCRTM及反向MCRTM的计算结果均与参考文献报道值吻合良好，证明本书的相关计算程序具有可靠性，能够用于求解吸收散射性材料的辐射传输问题。

在验证MCRTM程序的可靠性后，将基于泡沫材料孔隙结构的模拟结果与参考文献结果进行比较。参考文献[30]利用μ-CT扫描结构模拟了一块镍铬铝（NiGrAl）开孔泡沫材料的法向-法向透射比T_{NN}、法向-半球透射比T_{NH}、法向-半球反射比R_{NH}。该泡沫材料孔隙率φ=0.901，比表面积S_v=1709 m^{-1}，孔隙

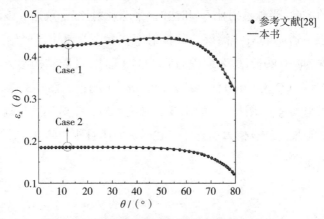

图1-36　反向MCRTM求解表观定向发射率程序验证

结构参数与本书所用的#3镍泡沫的结构参数（$\varphi=0.90$，$S_v=1680 \text{ m}^{-1}$）相近。表 1-5给出了不同肋筋反射率ρ、肋筋镜漫反射比例参数f_s下的表观辐射特性模拟 结果。对比发现，对于T_{NN}、T_{NH}、R_{NH}，本书的计算结果与参考文献报道值相 比，误差分别小于0.03，0.03，0.04。这表明本书的孔隙尺度辐射传输求解模 型具有可靠性。

表1-5　本书模拟表观辐射特性与参考文献[30]中的模拟值比较

	$\rho=1$, $f_s=0.5$, $L=1$ mm			$\rho=1$, $f_s=0.5$, $L=5$ mm		
	T_{NN}	T_{NH}	R_{NH}	T_{NN}	T_{NH}	R_{NH}
参考文献[30]	0.539	0.655	0.246	0.063	0.287	0.614
本书	0.562	0.678	0.284	0.086	0.314	0.646
误差	0.023	0.023	0.038	0.023	0.028	0.032
	$\rho=0.5$, $f_s=1$, $L=1$ mm			$\rho=0.5$, $f_s=1$, $L=5$ mm		
	T_{NN}	T_{NH}	R_{NH}	T_{NN}	T_{NH}	R_{NH}
参考文献[30]	0.539	0.592	0.082	0.063	0.090	0.139
本书	0.565	0.617	0.111	0.087	0.116	0.158
误差	0.026	0.025	0.029	0.024	0.026	0.019

　　此外，还对本书模拟计算结果与参考文献[31]中报道的试验测量值进行了 比较。参考文献[31]测量了常温下一块厚度$L=10$ mm的铝镍磷（Al-NiP）泡沫

材料的法向–半球透射比T_{NH}和法向–半球反射比R_{NH}数据。该泡沫材料的肋筋覆盖一层不透明的Ni–P涂层，其折射率在参考文献中已经给出；该泡沫材料的孔隙率为$\varphi=0.891$，比表面积为$S_v=11173 \ m^{-1}$，孔隙结构参数与本书所用的#2镍泡沫的结构参数（$\varphi=0.90$，$S_v=11287 \ m^{-1}$）相近。图1–37为本书的孔隙尺度模拟结果与参考文献试验值的比较。对比发现，相对于试验测量，本书的孔隙尺度模拟结果的计算偏差始终小于13%。上述对比均验证了本书孔隙尺度模拟方法的可靠性。

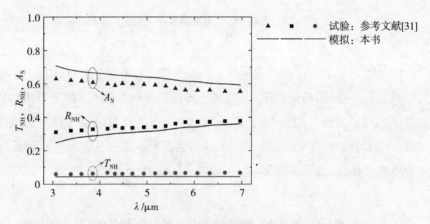

图1–37　本书模拟表观辐射特性与参考文献[31]中的实验值比较

1.3　基于空间剖分的孔隙尺度辐射传输加速求解算法

1.3.1　空间剖分加速算法

　　虽然MCRTM能够求解复杂泡沫结构中的辐射传输问题，但随着孔隙结构复杂程度的增加或求解区域的扩大，计算量会快速增加，导致求解效率迅速下降。空间剖分算法能够加快对场景对象的检测速度，减少精确检测的次数，从而提高计算效率，故本书将其应用到泡沫材料的孔尺度辐射传输计算中。

　　空间剖分次数也被称为空间剖分深度。一般的空间剖分算法大多首先指定场景对象数量的阈值，然后搜索场景并进行空间剖分。但是，高孔隙泡沫结构的辐射传输求解具有特殊性：孔隙中不存在网格对象，网格全部集中在肋筋上。如果采用先给定阈值再剖分的方式，将会导致非常大的局部空间深度，反

而使计算量增加。为了克服这一缺点，本书采用先给定空间深度再剖分的方式对泡沫结构进行空间剖分，则剖分阈值

$$N_{thr} = \frac{N_{tri}}{8^n} \qquad (1-86)$$

式中：N_{tri} 为泡沫结构的网格总数；n 为空间剖分深度。

空间剖分的基本步骤如下：

（1）给定空间深度 n，计算剖分阈值 N_{tri}。

（2）以当前泡沫结构的外围尺寸建立1个立方体，并定义为父立方体。

（3）对父立方体进行空间八等分，得到8个子立方体。

（4）依次判断每个子立方体中的面元数 N_{sub} 与阈值 N_{tri} 的大小关系。若 $N_{sub} > N_{tri}$，则返回步骤（3）；若 $N_{sub} \leqslant N_{tri}$，则继续。

（5）记录满足阈值条件的子立方体的位置、边界及所含网格等信息。

（6）结束。

MCRTM结合空间剖分算法的示意图如图1-38所示，简要计算流程图如图1-39所示。

通过以上步骤将孔隙结构对象划分到不同的子空间中。以单根光线在泡沫结构内的传递为例，MCRTM与空间剖分算法的结合过程如下：

（1）入射光线 $\overrightarrow{ab}$ 在子空间 b 内发生一次散射后沿 $\overrightarrow{bc}$ 方向射出。

（2）预检测：沿光线散射方向向前搜索沿程相交子空间。

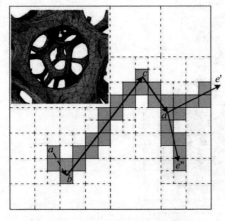

图1-38　MCRTM结合空间剖分算法示意图

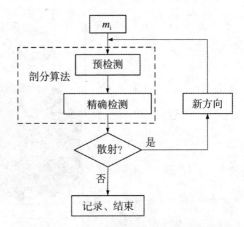

图1-39　MCRTM结合空间剖分算法的简要流程图

（3）精确检测：由近及远依次遍历上述子空间内的网格，进行精确碰撞检测且第一次相交即停止遍历，如在子空间c内。

（4）判断光线是否散射。若散射，求出散射方向，则返回步骤（2）；若吸收或逸出系统，则记录。

（5）结束。

通过上述求解过程，可以避免光线的路径与不在其传递路径上的网格作相交测试，从而大幅降低计算量，提高求解效率。

1.3.2 加速算法验证及效果分析

为说明和量化空间剖分算法对MCRTM计算的加速效果，设计如图1-40所示的算例。镍泡沫平行于xoy面放置，圆形光源均匀平行射入镍泡沫，柱形泡沫侧壁面设为不透明漫反射边界。基本参数为：泡沫直径D=17.8 mm，厚度L=7.5 mm，孔隙率φ=0.90，平均胞径d_c=2.433 mm，入射光源直径D_r=16.0 mm，方向m_0=（0，0，−1），肋筋反射率ρ=0.8，镜漫反射比例参数f_s=0.6。每个算例均在一颗单核主频为3.4 GHz的Intel Xeon CPU上完成。

首先是对加速算法可靠性的验证。图1-41展示了不同空间剖分深度下的法向-半球反射比R_{NH}、透射比T_{NH}和法向吸收比A_N。定义最大相对误差：

$$\Delta E_{\max} = \frac{\max\left\{\left|\psi_i - \psi_0\right|_{i=1,2,\cdots}\right\}}{\psi_0} \qquad (1-87)$$

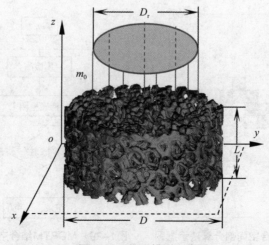

图1-40 物理模型示意图

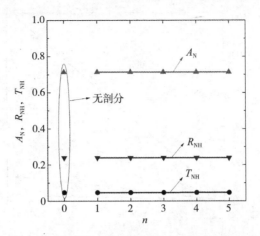

图1-41　在不同空间剖分深度下的表观辐射特性

式中：ψ_i为不同空间深度对应的辐射特性计算值R_{NH}，T_{NH}，A_N；ψ_0为未采用空间剖分算法时的辐射特性计算值。

根据式（1-87）的定义，计算得到R_{NH}，T_{NH}，A_N的最大相对误差分别为0.17‰，0.67‰，0.75‰，均小于1‰，说明本书采用空间剖分算法后并未改变原MCRT法的计算结果。

在基材辐射物性一定时，影响泡沫材料孔隙尺度辐射传递模拟计算量的主要因素是光线数和网格数。下面分别考察在不同空间剖分深度下，计算时间随这两个因素的变化。首先，定义空间剖分深度为i时的计算加速倍数：

$$N_i = \frac{t_0}{t_i\big|_{i=1,2,\cdots}} \tag{1-88}$$

式中：t_0为未采用剖分算法的计算时间；t_i为采用空间剖分深度i时的计算时间。

图1-42为计算时间t随光线总数N_{tot}的变化。可以看出，未采用空间剖分算法时，随着光线数量增加，计算时间迅速增加，但采用剖分算法后（$n = 1 \sim 3$），计算时间增加的趋势逐渐变缓，加速效果不断增强。例如，在$N_{tot} = 1 \times 10^7$时，随着空间剖分深度增加，计算加速倍数分别为$N_1 = 2.25$，$N_2 = 7.50$，$N_3 = 34.09$，加速效果不断增强。

图1-43为当光线总数$N_{tot} = 1 \times 10^7$时，计算时间随网格总数N_{mesh}的变化。可见，未采用空间剖分算法时，随着网格数量增加，计算时间迅速增加。采用空间剖分算法之后，例如，对于$N_{mesh} = 149883$，当空间深度分别为1，2，3时，计

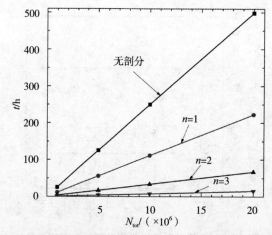

图1-42　在不同空间剖分深度下计算时间t随光线数N_{tot}的变化

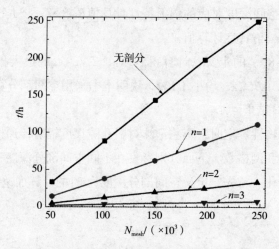

图1-43　在不同空间剖分深度下计算时间t随网格数N_{mesh}的变化

算加速倍数分别为$N_1=2.31$，$N_2=7.17$，$N_3=28.67$，加速效果不断提升。可见，采用空间剖分算法之后，通过预检测排除与当前光线不相交的子空间，减少精确碰撞检测，可以对泡沫材料的孔隙尺度辐射传递计算起到明显的加速作用，大幅度地节省计算时间。

　　虽然空间剖分算法可以减少精确碰撞检测量，但随着剖分深度的增加，预检测阶段的计算量会迅速增加，最终导致总计算时间不再减少，反而逐渐上升。故对于泡沫材料的孔隙尺度辐射传递计算，应确定其最佳空间剖分深度。
为描述此问题，定义无量纲计算时间来表征不同空间剖分深度下的相对计算时
间：

$$\hat{t}_i = \frac{t_i\big|_{i=1,2,\cdots}}{t_0} \qquad (1-89)$$

图1-44展示了空间深度对无量纲计算时间的影响，将未采用剖分算法时
的计算时间作为100%。可以看出对于不同网格数的孔隙结构，随着空间剖分
深度的增加，计算时间均先减少后增加，空间深度为$n=4$时的计算时间最少。
随着网格数增多，采用空间剖分深度为$n=4$时，计算加速分别为22，35，51，
59，63倍，即网格数越多，加速效果越明显，但存在加速极限。

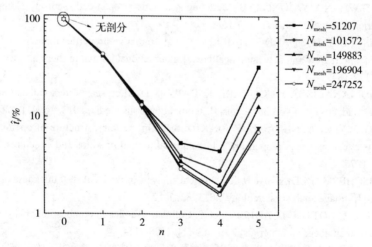

图1-44　空间深度n对无量纲计算时间$\hat{t}_i$的影响

仿照上述算例，针对本书选用的泡沫材料的μ-CT结构进行了最佳剖分深
度计算，发现本书泡沫样品的最佳剖分深度均为3~4次。在各自最佳剖分深度
处的最大计算加速为55~97倍，即加速最多接近2个数量级。后文的计算全部
取各自泡沫样品的最佳剖分深度，以最大限度地减少计算量。

参考文献

[1] LI Y, CHEN H W, WANG F Q, et al. A development to determine spectral radiative properties of semitransparent struts of open-cell ceramic foams: from macro-scale measurement to pore-scale simulation[J]. Infrared physics and technology. 2021, 113: 103646.

[2] PETRASCH J, MEIER F, FRIESS H, et al. Tomography based determination of permeability, Dupuite-Forchheimer coefficient, and interfacial heat transfer coefficient in reticulate porous ceramics[J]. International journal of heat and fluid flow, 2008, 29: 315-326.

[3] HOWELL J, HALL M, ELLZEY J. Combustion of hydrocarbon fuels within porous inert media[J]. Progress in energy and combustion science, 1999, 22: 121-145.

[4] 毛灵涛, CHIANG F P, 袁则循. 基于CT的数字体散斑法测量物体内部三维变形场[J]. 光学学报, 2015, 35(3): 119-128.

[5] RANDRIANALISOA J, BAILLIS D, MARTIN C L, et al. Microstructure effects on thermal conductivity of open-cell foams generated from the Laguerre-Voronoi tessellation method[J]. International journal of thermal sciences, 2015, 98: 277-286.

[6] 陈贤川, 赵阳, 顾磊, 等. 新型多面体空间刚架结构的建模方法研究[J]. 浙江大学学报(工学版), 2005, 39(1): 92-97.

[7] LI Y, XIA X L, SUN C, et al. Radiative characteristics of Voronoi open-cell foams made from semitransparent media[J]. International journal of heat and mass transfer, 2019, 133: 1008-1018.

[8] NIE Z W, LIN Y Y, TONG Q B. Modeling structures of open cell foams[J]. Computational materials science, 2017, 131: 160-169.

[9] CUNSOLO S, COQUARD R, BAILLIS D, et al. Radiative properties modeling of open cell solid foam: review and new analytical law[J]. International journal of thermal sciences, 2016, 104: 122-134.

[10] RANDRIANALISOA J, COQUARD R, BAILLIS D. Microscale direct calculation of solid phase conductivity of voronoi foams[J]. Journal of porous media, 2013, 16: 411-426.

[11] JANG W Y, KRAYNIK A M, KYRIAKIDES S. On the microstructure of open-cell foams and its effect on elastic properties[J]. International journal of solids and structures, 2008, 45: 1845-1875.

[12] LIEBSCHER A, REDENBACH C. Statistical analysis of the local strut thickness of open cell foams[J]. Image analysis stereology, 2013, 32: 1-12.

[13] FUSSEL A, BOTTGE D, ADLER J, et al. Cellular ceramics in combustion environments[J]. Advanced engineering materials, 2011, 13(11): 1108-1114.

[14] 帅永. 典型光学系统表面光谱辐射传输及微尺度效应[D]. 哈尔滨: 哈尔滨工业大学, 2008.

[15] HAUSSENER S, CORAY P, LIPINSKI W, et al. Tomography-based heat and mass transfer characterization of reticulate porous ceramics for high-temperature processing[J]. Journal of heat transfer, 2010, 132(2): 023305.

[16] MAKINO T, KUNITOMO T, SAKAI I, et al. Thermal radiation properties of ceramic materials[J]. Heat transfer-japanese research, 1984, 13: 33-50.

[17] LI Y, XIA X L, SUN C, et al. Volumetric radiative properties of irregular open-cell foams made from semitransparent absorbing-scattering media[J]. Journal of quantitative spectroscopy and radiative transfer, 2019, 224: 325-342.

[18] 李洋. 高孔隙泡沫材料的孔尺度光谱辐射传输特性研究[D]. 哈尔滨: 哈尔滨工业大学, 2019.

[19] LI Y, XIA X L, SUN C, et al. Tomography-based radiative transfer analysis of an open-cell foam made of semitransparent alumina ceramics[J]. Solar energy materials and solar cells, 2018, 118: 164-176.

[20] LI Y, XIA X L, AI Q, et al. Pore-level determination of spectral reflection behaviors of high-porosity metal foam sheets[J]. Infrared physics & technology, 2018, 89: 77-87.

[21] LI Y, XIA X L, SUN C, et al. Tomography-based analysis of apparent directional spectral emissivity of high-porosity nickel foams[J]. International journal of heat and mass transfer, 2018, 118: 402-415.

[22] LI Y, XIA X L, SUN C, et al. Integrated simulation of continuous-scale and discrete-scale radiative transfer in an open-cell foam made of semitransparent absorbing-scattering ceramics[J]. Journal of quantitative spectroscopy and radiative transfer, 2018, 225: 156-165.

[23] LI Y, CHEN H W, XIA X L, et al. Prediction of high-temperature radiative properties of copper, nickel, zirconia, and alumina foams[J]. International journal of heat and mass transfer, 2020, 148: 119154.

[24] LI Y, XIA X L, SUN C, et al. Pore-level numerical analysis of the infrared surface temperature of open-cell metallic foam[J]. Journal of quantitative spectroscopy and radiative transfer, 2017, 200: 59-69.

[25] CASE K M. Transfer problems and the reciprocity principle[J]. Review of modern physics, 1957, 29: 651-663.

[26] WALTERS D V, BUCKIUS R O. Rigorous development for radiation heat transfer in nonhomogeneous absorbing, emitting and scattering media[J]. International journal of heat and mass transfer, 1992, 35: 3323-3333.

[27] MODEST M F. Backward Monte Carlo simulation in radiative heat transfer[J]. Journal of heat transfer, 2003, 125(1): 57-62.

[28] LI B X, YU X J, LIU L H. Backward Monte Carlo simulation for apparent directional emissivity of non-isothermal semitransparent slab[J]. Journal of quantitative spectroscopy and radiative transfer, 2005, 91: 173-179.

[29] LIU L H, RUAN L M. Numerical approach for reflections and transmittance of finite plane-parallel absorbing and scattering medium subjected to normal and diffuse incidence[J]. Journal of quantitative spectroscopy and radiative transfer, 2002, 75: 637-646.

[30] COQUARD R, BAILLIS D, RANDRIANALISOA J. Homogeneous phase and multi-phase approaches for modeling radiative transfer in foams[J]. International journal of thermal sciences, 2011, 50: 1648-1663.

[31] COQUARD R, ROUSSEAU B, ECHEGUT P, et al. Investigations of the radiative properties of Al-NiP foams using tomographic images and stereoscopic micrographs[J]. International journal of heat and mass transfer, 2012, 55: 1606-1619.

[32] 李洋, 夏新林, 陈学, 等. 泡沫镍孔尺度辐射传递加速模拟研究[J]. 光学学报, 2016, 36(11): 284-290.

第 **2** 章

太阳能原油加热器的红外成像试验

对泡沫材料的研究，根据模型尺度分为连续尺度和孔隙尺度，连续尺度是将整块泡沫材料视为连续均匀的介质，而孔隙尺度是根据泡沫材料自身将其视为两相介质。本章先后从连续尺度和孔隙尺度对泡沫材料进行模拟与试验研究，探究能量及温度在泡沫材料内的传递情况。前半部分对三维泡沫材料进行模拟研究，分析泡沫材料的温度变化情况；后半部分以试验研究探究泡沫材料在不同时间下的温度变化情况，自主设计并搭建了一套高精度泡沫材料孔隙尺度的红外观测装置，并对试验装置进行了性能验证，利用试验装置分别采集泡沫材料不同时间下的红外图像和温度数据，分析不同泡沫材料温度随时间的变化情况和材料自身温度的非均匀分布现象。

2.1 加热腔温度响应

2.1.1 模型及边界设置

为研究在辐射能流均匀辐照下泡沫材料的热表现，需要将泡沫材料置于均匀辐射环境中，并且只考虑辐射换热的影响，忽略模型外对流换热。三维模型可以设计为泡沫材料，置于圆柱形密闭空间内，具体模型如图2-1所示。

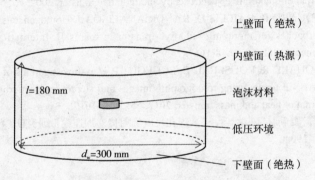

图2-1　泡沫材料模拟研究三维模型示意图

本章的研究对象是均匀辐照下的泡沫材料，依据市面上主流泡沫片的规格，泡沫材料的直径$\varphi=60$ mm，厚度$h=10$ mm。为使所处环境辐射均匀，模型边界直径$d_w=300$ mm，高度$l=180$ mm，可以视为将泡沫材料置于足够大的、辐射均匀的密闭空间内，且空间内空气密度较低，对流换热微弱，以内壁面（热源）与泡沫材料的辐射换热。

2.1.2　辐射模型与边界条件

（1）辐射模型。

整个模型由两个计算域组成：表示泡沫材料的多孔介质区域和整个模型内除泡沫材料以外的低压环境。辐射模型选用离散坐标模型（DOM），低压环境内对流换热微弱，流动模型选用层流。

（2）计算域的设置。

将泡沫材料视为均匀的多孔介质区域，将孔隙率设定为0.9，并且参与辐射计算，整个模型内除泡沫材料以外的区域为流体域。因为整个仿真试验只考虑辐射换热，忽略重力影响，材料选用材料库中的空气，根据气体状态方程计算得出空气密度为0.49 g/m³。

（3）边界条件。

内壁面设定为辐射边界，辐射温度设定为573 K，发射率设定为0.8；上边界与下边界设定为绝热边界；泡沫材料与空气接触面设定为耦合边界。

（4）初始条件与求解计算。

不考虑模型外部环境影响，模型内初始温度设定为293 K。在求解过程中，为了研究泡沫材料温度的变化过程，采用瞬态的计算方法，为兼顾结果收敛性与计算时间，设定梯度时间步长，分别为1秒/步，3秒/步，6秒/步，共计算500步。模拟计算使用分离式计算器，离散格式选择一阶迎风格式，耦合算法采用SIMPLE算法，在求解过程中，各项残差均小于10^{-6}。

2.1.3　网格划分与网格无关性验证

综合考虑计算成本与结果收敛，采用易收敛的四面体网格划分模型。宏尺度泡沫材料模拟研究模型网格示意图如图2-2所示，图中深灰色网格部分为泡沫材料，包围在泡沫材料周边的黑色细小网格为加密网格。

以铜泡沫金属板为例，设定泡沫中心点温度为参考值，进行网格无关性验证。连续尺度模拟研究网格无关性验证如图2-3所示，在网格数量为162328

个时，泡沫中心点温度达到稳定值，因此选择网格数量N=162328个作为计算标准。

至此，连续尺度下泡沫材料模拟研究的模型已建立完毕，后文将对模拟结果进行结果分析。

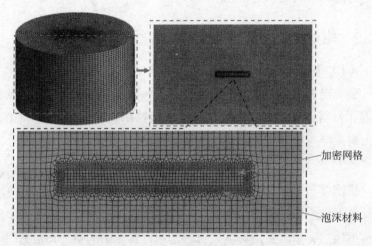

图2-2　宏尺度泡沫材料模拟研究模型网格示意图

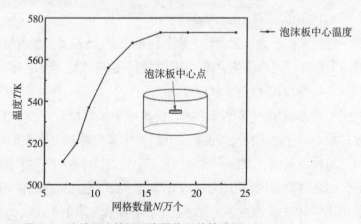

图2-3　连续尺度模拟研究网格无关性验证

2.1.4　基材物性对泡沫材料的影响

本模拟研究选择孔隙率为0.9，规格为Φ60 mm × 10 mm的铜金属泡沫板、镍金属泡沫板和氧化铝陶瓷泡沫板。通过分析不同基材的泡沫材料的温度分布情况及温度变化结果，发现不同基材泡沫材料的温度随时间变化虽有差异，但都呈现了一定的规律。

泡沫材料根据辐射是否可以直接穿透辐射表面分为基材半透明泡沫材料和基材不透明泡沫材料。在本书中，铜金属泡沫板及镍金属泡沫板为基材不透明泡沫材料，氧化铝泡沫板为基材半透明泡沫材料。研究基材物性对泡沫材料的温度变化影响，三种泡沫板在573 K的温度辐射下呈现的温度云图如图2-4所示，温度变化曲线如图2-5所示。

图2-4中温度云图显示铜金属泡沫因为其相对较高的导热系数和相对较小的比热容，泡沫板材区域有更高的整体温度。而通过图2-5中温度变化曲线及升温速率变化曲线，可以更直观地比较不同基材板件间的温度变化情况。孔隙率$\varphi=0.9$的三种泡沫板虽然有着相同的先快后慢的温度变化趋势，但温度变化过程有着明显的差异。先对比基材不透明的铜金属泡沫板和镍金属泡沫板，在整个加热时间内，铜金属泡沫板相比于镍金属泡沫板有着更高的瞬时温度。主要原因是：尽管在660 s后，镍金属泡沫板的升温速率略高于铜金属泡沫板，但两者的差距很小，最大升温速率差距只有0.001 K/min，但这并不能改变比热容及导热系数产生的影响。对于基材半透明的氧化铝陶瓷泡沫板而言，虽然温度与金属泡沫板均呈现先快后慢的趋势，但氧化铝基材自身随温度变化的热物性，导致升温速率并不像金属一样平滑下降，这点在升温速率曲线中表现得更加直观。氧化铝陶瓷泡沫板升温速率在480 s左右有着明显的速率变化，平均温度变化速率由0.03 K/min变化为0.01 K/min。

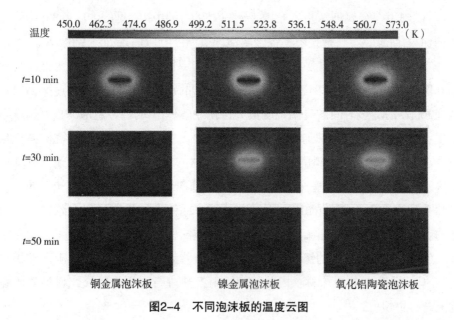

图2-4　不同泡沫板的温度云图

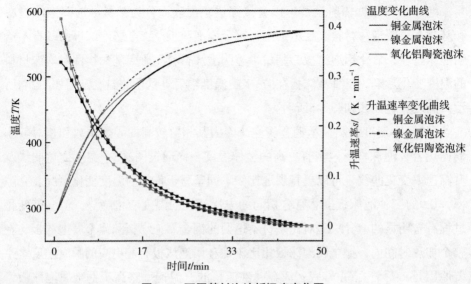

图2-5　不同基材泡沫板温度变化图

2.1.5　材料孔隙率对泡沫材料的影响

除了不同泡沫间基材物性对泡沫材料的温度响应有影响，不同孔隙率的同种基材泡沫材料的热表现也不相同。本节模拟研究不同孔隙率的镍金属泡沫材料在573 K的温度辐射下的温度响应情况。

选取3组镍金属泡沫板，孔隙率φ选取实际应用中常见的0.9，0.8和为强化对照而设定的0.7。三种孔隙率镍金属泡沫板温度响应曲线如图2-6所示。

图2-6展示了三种孔隙率镍金属泡沫板的温度变化情况，表现为泡沫材料的孔隙率越大，升温速率越快。孔隙率$\varphi=0.9$的镍金属泡沫板升温速率最快，且在2000 s的加热时间内升温幅度最大；孔隙率$\varphi=0.7$的镍金属泡沫板升温速率最慢，且在2000 s的加热时间内升温幅度最小。孔隙率代表材料中孔隙体积与材料总体积的比例，材料的孔隙率越高，基材的密实程度越小。对于同种基材而言，密实程度越小，基材用量就越小，由外向内的温度传导就越快。同时，虽然孔隙率差值为固定的0.1，但三种孔隙率的镍金属泡沫材料温差并不是固定的。孔隙率$\varphi=0.9$与孔隙率$\varphi=0.8$的镍金属泡沫板最大温差为69.64 K，而孔隙率$\varphi=0.8$与孔隙率$\varphi=0.7$的镍金属泡沫板最大温差为41.61 K。虽然孔隙率都相差0.1，但大孔隙率的泡沫材料内肋筋间辐射换热进行得更加频繁，材料整体温度上升得更快。

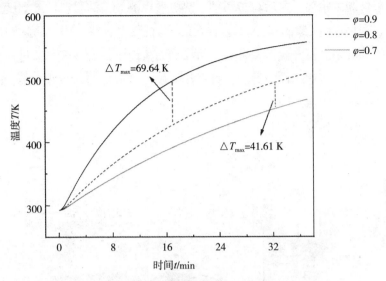

图2-6　不同孔隙率镍金属泡沫板温度变化图

2.2　泡沫材料辐射传输的试验研究

因为制造工艺及所用材料的差异，不同的金属泡沫材料结构形貌也有所区别，所以泡沫材料孔隙尺度结构的红外图像一直是细观辐射传输研究的关键。为了获取泡沫材料孔隙结构形貌红外图像，设计并搭建了可以采集10 μm精度泡沫孔隙结构红外图像的试验装置，可以清楚地观察到泡沫材料肋筋骨架的红外辐射特征，系统、综合地考虑了温度均匀性问题、保温隔热问题、壁面反射问题、窗口透过率问题和气密问题。本节主要说明试验装置的搭建与性能验证，并对试验结果进行分析。

2.2.1　试验装置的搭建

在本节中，对试验观测中需要考虑的问题进行分析，并设计解决方案，通过对具体元件的设定，完成试验观测。试验系统如图2-7所示，整个系统主要由以下部分组成：①温控箱；②显温仪表；③热电偶；④红外窗口；⑤热像仪；⑥加热管；⑦加热腔（内含金属屏与绝热层）；⑧气压表；⑨抽气泵。

具体元件见图2-8试验装置图。该试验装置在密闭空间直接对样品进行加热，再由热像仪通过红外窗口对样品热表现进行图像采集。在试验时，先将样品置于加热腔内部的载物台上，通过调节载物台底端的螺纹使样品处于热像仪的最佳观测距离，之后调节活动式热电偶以测量泡沫材料内部温度。关闭加热腔，利用U形夹紧固顶盖。打开气压表与抽气泵，待腔内气压达到试验要求，关闭抽气泵。打开温控箱开关，由控制面板设定试验温度，通过显温仪表测量腔内温度。当达到设定温度，打开热像仪，调节支架，微调焦距，即可观测到样品的红外图像。

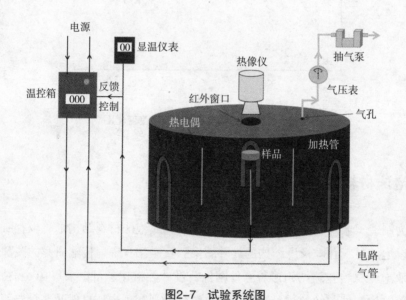

图2-7　试验系统图

图2-8　试验装置图

2.2.2　试验装置的部件说明

试验装置可以根据区域分成两组：加热腔内元件与加热腔外元件。加热腔内元件为载物台、热电偶、加热管、金属环、隔热棉。加热腔外元件主要为温控仪、抽气泵、气压表、支架、热像仪、微距导轨、固定夹。

该试验系统核心元件为加热腔，其组成部分如图2-9所示。加热腔中心为载物台，载物台底部采用螺杆连接，可以根据样品规格调节载物台高度，保持观测样品处于最佳成像距离。载物台外围为2根可调热电偶和1根固定热电偶：可调热电偶可根据试验需求调节探头位置，可灵活测量样品温度；固定热电偶固定测量装置腔体内载物台下温度，该温度作为温控箱的温度反馈，可以调节温控箱工作状态。核心加热腔热源为3根等功率加热管，等距分布在载物台外围，既可以保证对样品的均匀加热，又可以减少加热管本身对观测结果的影响。加热管外围采用铜制金属屏，该金属屏的作用是使整个腔体内的温度均匀性更加良好，其材料本身反射率高、发射率低的特性，配合红外窗口可有效减少杂散辐射对观测结果的影响。金属外壳内壁和底部贴附高密度石棉布作为侧绝热层和底绝热层，可以防止腔体内热量逸散，使试验过程中腔体内温度始终处于试验温度。

加热管和温控仪为配套装置，加热管为U形加热管，长度$l=169$ mm，确保泡沫材料在任意观测条件下始终处于加热管辐射管下，加热管单根功率为170 W，温度上限由温控仪控制。

图2-9　加热腔构造图

热电偶为K型铠装热电偶，热电偶最大长度l=172 mm，其测温量程为−20～500 ℃，在量程内误差为±2%，热电偶末端探头部分可以根据测温需求调节位置。

2.2.3 试验装置的性能验证

2.2.3.1 模型建立与网格划分

加热腔的建模由SolidWorks软件完成，模型如图2-10（a）所示。为验证其热学性能，对模型进行简化。金属环的作用是保证腔体内温度均匀性，金属环外壁面与隔热棉绝热层贴合，故模型外壁面简化为绝热壁面；热电偶为测量元件，在加热过程中可忽略，同样，样品及载物台也可忽略；真空化后，气孔与外部气泵以排气管相连，腔体内整体为欠压环境，故气孔亦可忽略；加热管按其尺寸简化为矩形模块。简化后的模型如图2-10（b）所示。

 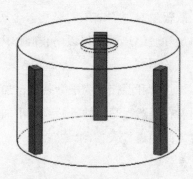

（a）加热腔建模   （b）简化后的加热腔建模

图2-10　加热腔模型示意图与模型简化图

2.2.3.2 边界条件设置及求解

本节主要对加热腔加热情况及腔内温度均匀性进行模拟。辐射模型采用DOM模型，腔体内壁面设定为绝热边界；下壁面及上壁面（除红外窗口）设定为绝热边界；红外窗口部分与外界环境进行自然对流换热，故设定为对流边界，对流系数设定为6 W/（m²·K），腔内空气密度为0.49 g/m³，腔内初始温度为293 K。加热管的功率随外部控制箱设定温度而改变，最大功率为350 W，此研究重点在于观察泡沫材料在辐射温度下的热表现，故矩形加热模块表面可设定为辐射边界，温度设定为573 K，辐射率设定为0.8。

　　模拟计算使用分离式求解器，SIMPLE算法，采用稳态的计算方法，离散格式选择一阶迎风格式，在求解过程中，各项的残差均小于10^{-6}。

2.2.3.3　网格无关性验证

　　综合考虑计算成本与结果收敛，采用易收敛的四面体网格划分模型。以加热腔中心温度为标准进行网格无关性验证，结果如图2-11所示。

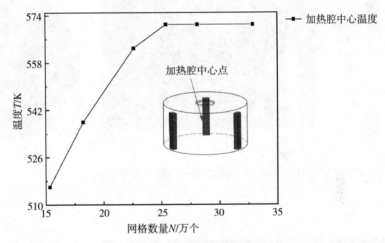

图2-11　加热腔性能模拟网格无关性验证

2.2.3.4　加热腔内温度分布

　　模拟结果如图2-12所示，整体腔内温度均匀性良好。图中高位样品处为获取孔隙尺度图像时泡沫材料的成像位置，距离红外窗口10 mm，高位样品处温度与腔内温度最大温差小于8 K。低位样品处为获取连续尺度图像时泡沫材料的成像位置，距离红外窗口50 mm，低位样品处温度与腔内温度最大温差小于1 K。

2.2.3.5　成像效果

　　试验装置采集到的不同倍率下的红外图像如图2-13所示，两种尺度下的图像都很清晰：在连续尺度下，可以明显观察到泡沫材料的肋筋及孔隙分布；在孔隙尺度下，可以在10 μm的精度下观测到肋筋的表面形貌。

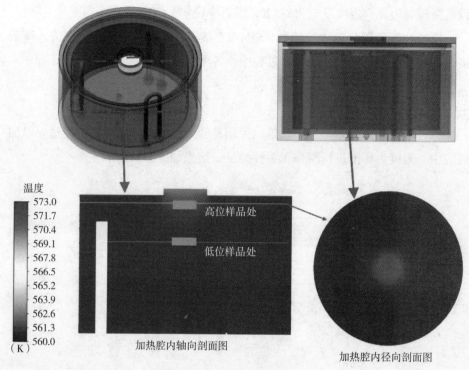

图2-12　加热腔内温度分布

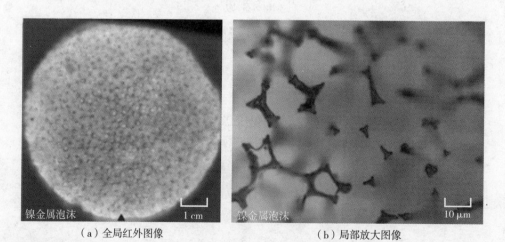

（a）全局红外图像　　　　　　　　　（b）局部放大图像

图2-13　试验装置采集的红外图像

2.2.4　试验装置的不确定度分析

在使用试验台测量泡沫材料的热表现之前，应首先对该试验台的不确定度进行分析。

不确定度用于表征被测量值在某一范围内的估计，按照评定方式，可分为A类评定和B类评定。对于本书测量，A类评定指透射光谱特性的一系列重复测量带来的不确定性；B类评定指测量系统自身的测量偏差。其中，A类标准不确定度可采用下式计算：

$$u_s = \sqrt{\frac{\sum\limits_{i=1}^{n}\left(X_i - \overline{X}\right)^2}{n(n-1)}}$$

（2-1）

式中：$\overline{X}$ 为样本算术平均值；n 为样本数量。

进而，多次测量引起的A类相对不确定度可采用下式确定：

$$u_r = \frac{u_s}{X}$$

（2-2）

试验台自身的仪器偏差引起的B类标准不确定度可由下式确定：

$$u_x = \frac{a}{k}$$

（2-3）

式中：a 为所取置信概率分布的区间半宽；k 为置信区间的包含因子，假设各部件测量数据分布服从高斯分布，则 $k \approx 3$。

对于本书研究所搭建的试验台，其由多个不同商家提供的组件组成，下面将对主要组件进行误差分析。

试验台热像仪型号为Fotric220s，对于2.2.5测量结果由式（2-1）和式（2-2）分析，在测量次数为20次时，在所测温度范围内，其A类标准不确定度 u_s=1.26，相对不确定度 u_r=2.1%。作为成熟的商业设备，参照其技术手册，结合测量误差为 ±2 ℃，由式（2-3）可得热像仪的B类标准不确定度 u_x=6.6×10^{-3}，B类相对不确定度 u_1=0.002%。

红外窗口采用红外锗单晶窗口片，规格为10 mm×2 mm，红外锗单晶窗口片广泛应用在探测、监视等设备仪器上，作为红外热像仪的观察窗口，具有透过性高、热稳定性强、光学性质稳定等特点。本试验台所用窗口片由北京盛亚康光学科技公司提供，由纯度达99%的锗单晶组成的锗单晶窗口片在7~12 μm所测波段内光学透过率平均达97%，性能参照其产品手册。此时由式（2-3）可得红外窗口的B类标准不确定度$u_x=7 \times 10^{-3}$，B类相对不确定度$u_1=0.72\%$。

试验台所用两种热电偶，固定式热电偶与可调节热电偶均采用K型热电偶传感器，型号为PT-100。该种传感器，标准测温范围为0~1200 ℃，广泛应用于高温环境，如加热炉、换热器、反应器等。此外，K型热电偶对于氧化还原环境、气体糅杂环境具有较强的抗干扰能力。简化泡沫材料内部结点与热电偶的辐射换热及忽略热电偶的热惯性，如图2-14所示，取热电偶温度为泡沫材料固体相温度。本试验所用热电偶由申华电热有限公司提供，规格为$L=180$ mm，参考其产品手册，测量误差为±2%，由式（2-3）可得热电偶的B类标准不确定度$u_x=1.98 \times 10^{-2}$，B类相对不确定度$u_1=0.006\%$。

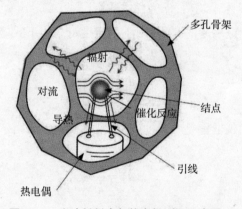

图2-14　泡沫材料内部热电偶测温示意图

在获取A类不确定度和B类不确定度之后，透射比测量的综合相对不确定度可由式（2-4）获得（见表2-1）：

$$u = \sqrt{u_r^2 + u_x^2} < \sqrt{(2.1\%)^2 + (0.728\%)^2} = 2.105\% \tag{2-4}$$

表2-1　试验装置的相对不确定度

A类相对不确定度/%	B类相对不确定度/%	综合不确定度/%
2.100	0.728	2.105

2.2.5　泡沫材料温度分布的特征

本节主要研究泡沫材料在辐射换热下自身的光热转换特征。如图2-15所示，光线经泡沫材料表面反射进入红外相机，而泡沫材料由固体相与空隙相组合而成，在其表面，两者发射率相差巨大，因此表面温度差异明显。泡沫材料的表观发射率取决于当地的有效发射辐射能量，而有效发射辐射能量可分为两部分：①当地固体肋筋的本征发射能量；②由他处的发射辐射散射到当前位置贡献的能量。可以理解为从泡沫材料表面进入红外相机的辐射能量不仅包括固体肋筋自身发出的辐射能量，还包括多根肋筋包围形成的"空腔"部分发出的辐射能量。

如图2-15所示，通过试验台可以从连续尺度上很明显地观测到泡沫材料表面的温度非均匀分布，具体表现为固体相肋筋处的温度低于空隙相空腔处温度，这种温度的分布情况表现在泡沫材料的全局红外图像上（如图2-16所示），不论何种材料的泡沫材料，它们的温度分布特征都是空腔处温度明显高于肋筋处温度。

图2-17展示了在试验装置内不同时刻镍金属泡沫的红外图像。在5 min时，加热腔内的温度较低（T_r=326 K），镍金属泡沫受辐照时间较短，所以镍金属泡沫整体的温度也较低。随着辐照时间增加，加热腔内温度上升，在30 min时，T_r=557 K，此时泡沫肋筋的亮温为468 K，而泡沫孔隙处的亮温达到489 K。而在30～50 min内，加热腔内温度上升速率减慢，在50 min时，腔内温度T_r=568 K。此时，泡沫肋筋的温度随着辐照时间增加，加热腔内温度上升，在30 min时，

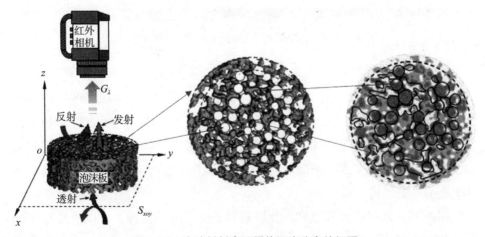

图2-15　泡沫材料表面黑体温度分布特征图

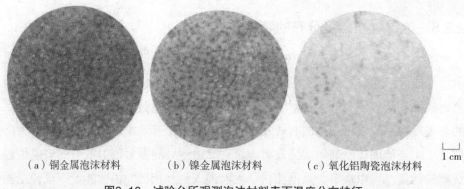

（a）铜金属泡沫材料　　　（b）镍金属泡沫材料　　　（c）氧化铝陶瓷泡沫材料

图2-16　试验台所观测泡沫材料表面温度分布特征

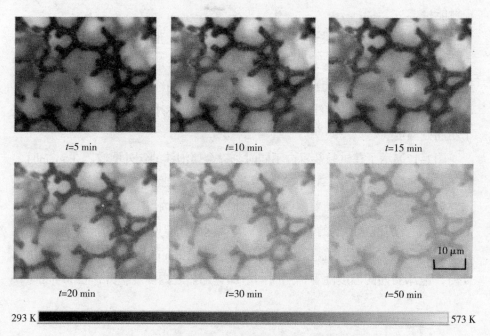

图2-17　镍金属泡沫材料表面温度随时间变化情况

T_r=557 K，此时泡沫肋筋的亮温为468 K，而泡沫孔隙处的亮温达到489 K。而在 30～50 min内，加热腔内温度上升速率减慢，在50 min时，腔内温度T_r=568 K。此时，泡沫肋筋的温度为548 K，泡沫孔隙的温度为557 K，孔隙与肋筋的温差仅为9 K，并且随着辐照时间的继续增加，两者的温差将继续减小，泡沫材料整体温度分布最终将变得均匀。

图2-18是本试验台观测到的泡沫材料孔隙尺度的图像，可以清楚观察到尺寸仅为百微米尺度的肋筋骨架，其边缘清晰锐利，非均匀温度分布清晰可

见。空腔部分（即孔隙部分）的黑体温度明显高于肋筋部分，这是因为辐射能量在多根肋筋间经过多次的反射和折射后在孔隙处聚集，反映在红外图像上即"黑腔"效应。同时，这也是泡沫材料孔隙处发射率远高于肋筋处发射率的主要原因。得益于泡沫材料多肋筋堆叠的结构，泡沫材料整体的发射率超出其基材本身的发射率。为了区分表面处骨架和孔隙温度的差异，选取肋筋点和孔隙点各20组，统计对比后发现，泡沫材料的表面辐射温度（亮温）存在明显的非均匀性，具体表现为孔隙温度高于肋筋表面温度，平均温差为10.1 K。

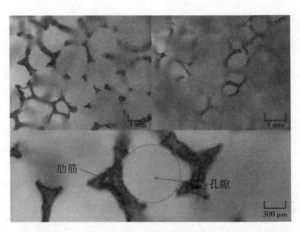

图2-18　镍金属泡沫材料孔隙尺度温度分布特征

2.2.6　基材物性对泡沫材料温度响应的影响

本节将分析不同基材泡沫材料在同一加热方式下温度响应的差异。取孔隙率$\varphi=0.9$，规格为$\varPhi60\ mm\times10\ mm$的铜金属泡沫板、镍金属泡沫板和氧化铝陶瓷泡沫板进行试验。将泡沫材料置于试验装置加热腔中，初始腔内温度为20 ℃，环境温度为20 ℃，加热温度为300 ℃，真空度为0.4。

加热腔内温度和各泡沫材料温度随时间变化关系如图2-19所示。受限于试验装置的加热方式，泡沫材料的初始状态并非置于最终温度的加热腔内，而是温度随加热腔内温度升高而升高。在加热时间$t<20\ min$时，三种泡沫材料的升温速率都相对较快，在$t=20\ min$时，铜金属泡沫温度达到557 K，是三者中升温速率最快的，其次是镍金属泡沫达到512 K，而升温速率最慢的氧化铝陶瓷泡沫只达到448 K。这与2.1.4模拟结果有较大的差异，出现这种差异的根本原因在于加热腔的加热方式，0～20 min是加热腔升温最快的时间段，三种泡

沫的升温速率受限于腔内最高温度，此时比热容对泡沫材料的温度响应影响最大，铜金属泡沫由于自身优秀的导热性质对温度的响应最迅速，而氧化铝陶瓷泡沫在这个温度区间导热系数较小，比热容较大，所以其温度变化是三者中最缓慢的。

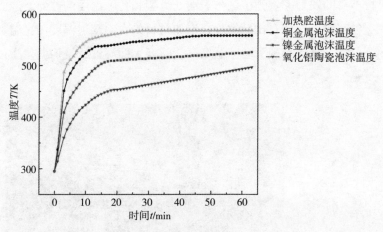

图2-19　泡沫板温度-时间示意图

2.2.7　孔隙率对泡沫材料的温度响应的影响

本节将以试验研究的方式分析孔隙率对泡沫材料温度响应的影响。如图2-20所示，取孔隙率$\varphi=0.97$，0.90，0.88的镍金属泡沫板作为研究对象，三种镍金属泡沫板除孔隙率外，其他参数相同，规格都为$\Phi60 \text{ mm} \times 5 \text{ mm}$。

图2-20　不同孔隙率的镍金属泡沫板

将三种镍金属泡沫板置于加热腔内，加热后，三者的温度变化情况如图2-21所示。

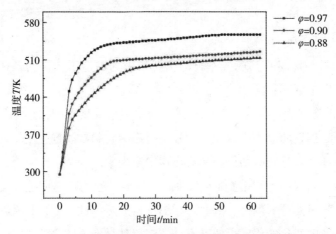

图2-21　不同孔隙率的镍金属泡沫板温度变化曲线

如图2-21所示，不同孔隙率的镍金属泡沫板在同一温度条件下有着不同的温度变化曲线。比较三种孔隙率的温度变化情况，可以得到孔隙率越大的泡沫材料，升温速率越快，升温幅度越大的结论。孔隙率$\varphi=0.97$的镍金属泡沫板在15 min内升温速率最快，平均升温速率达到16.13 K/min，在15 min后，升温速率显著变缓。孔隙率$\varphi=0.90$的镍金属泡沫板在18 min内有着较快的升温速率，平均升温速率达到11.83 K/min，在18 min后，升温速度显著变缓。而孔隙率$\varphi=0.88$的镍金属泡沫板升温速率最慢，升温速率在28 min内都处于一个缓慢下降的过程，这一时间段内的平均升温速率为6.82 K/min。

孔隙率的不同带来差异明显的升温速率，这种差异的根本原因在于基材的体积占有率，高孔隙率的泡沫材料有着更多的空隙相，泡沫材料内的对流换热强度更大，从而使温度升高得更快；低孔隙率的泡沫材料空隙相的占有率低，温度更多地沿固体相进行传输，材料内部的对流换热较少，从而温度升高得较慢。

2.3　氧化铝陶瓷泡沫材料孔隙结构的模拟研究

在经过对泡沫材料的模拟研究后，得到了连续尺度下泡沫材料的温度变化情况及孔隙尺度的温度分布图像。本节将通过模拟研究的方法，对孔隙尺度下泡沫材料的肋筋结构在强辐射能流下的能量吸收、辐射强度和温度响应情况进行更进一步的探究。

2.3.1　物理模型

金属基材泡沫材料与陶瓷基材泡沫材料因为制造工艺不同及铸造基材不同，主要有以下区别：

（1）肋筋形状：金属基材泡沫材料的肋筋呈现规则圆柱形，且肋筋内部全填充，不会出现肋筋中空现象；陶瓷基材泡沫材料的肋筋呈现"两端大，中间小"的纺锤状，且有些肋筋内部会出现中空现象。

（2）基材物性：金属基材泡沫肋筋的边界一般为不透明边界，辐射能流不能穿透肋筋表面进入内部；同时，金属基材的热物性及辐射物性在较小的温度范围内随温度变化的程度可忽略不计。陶瓷基材泡沫肋筋的边界为半透明边界，辐射能流在材料表面会发生反射现象和折射现象，有一部分辐射能流能直接穿过材料表面进入材料内部；且陶瓷基材的热物性及辐射物性受温度影响较大，会随材料温度及光谱波长改变。

综上两点所述，由于金属泡沫材料的形状单一且传热过程也相对简单，所以本书对于泡沫材料孔隙尺度的模拟研究基于更复杂的氧化铝陶瓷泡沫肋筋。如图2-22所示，本书所用的多肋筋结构由一个结点和四根不同方向的肋筋组成，且来源于真实的氧化铝泡沫陶瓷，经过μ-CT扫描后，通过建模软件SolidWorks进行剪切、重建和修补，得到了三维数字化模型，相关物理尺寸如表2-2所列。

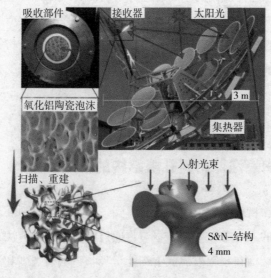

图2-22　氧化铝陶瓷泡沫多肋筋结构示意图

表2-2　氧化铝陶瓷泡沫多肋筋结构尺度表

长度L_x	长度L_y	长度L_z	肋筋直径D	体积V	表面积S
4.258 mm	5.176 mm	1.875 mm	0.504 mm	0.670 mm^3	6.401 mm^2

2.3.2　辐射模型与边界条件

（1）辐射模型。

辐射模型选用离散坐标模型（DOM）。

（2）基材物性。

模拟研究所用的材料为氧化铝陶瓷泡沫。

（3）边界条件。

本节主要研究局部点入射和覆盖面入射两种辐照情况下，多肋筋结构内部的辐射强度分布情况和容积能量吸收情况。图2-23（a）为局部点入射辐照方式，该种辐照方式为0.15 mm直径的辐射能流光束直接照射在多肋筋结构的结点上；图2-23（b）为覆盖面入射辐照方式，该种辐照方式为均匀的辐射能流同时照射在整个多肋筋结构的上表面。图中深灰色区域为氧化铝陶瓷泡沫肋筋表面，设定为辐射边界，边界类型为半透明边界，镜漫反射参数f_s=0.5，外部辐射温度为293 K。图2-23（a）中浅灰色区域为辐射能流入射点，图2-23（b）中浅灰色箭头为均匀辐射能流，两者直射辐射强度均为600 kW/m^2，入射方向为（0，-1，0）。黑色区域为多肋筋结构的截面，设定为对称边界。

（4）初始条件与求解。

模型初始温度设定为293 K。在求解过程中，为了研究泡沫材料温度的变化过程，采用瞬态的计算方法，时间步长设定为0.1秒/步，共计算500步。模拟计算使用分离式计算器，离散格式选择一阶迎风格式，耦合算法采用SIMPLE算法，在求解过程中，各项残差均小于10^{-6}。

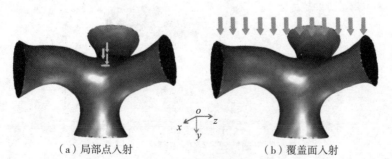

（a）局部点入射　　　　　　　　　（b）覆盖面入射

图2-23　辐射照射图

2.3.3 网格划分与网格无关性验证

采用易于收敛的四边形网格，并对光束入射点及入射点周围进行网格的加密，随着入射点距离逐渐增大，网格的疏密程度逐渐由密集到疏松，最终使数值模型的平均网格质量均达到0.98，达到了数值模型计算的要求。氧化铝陶瓷泡沫多肋筋模型的整体网格如图2-24所示。

图2-24 氧化铝陶瓷泡沫多肋筋模型网格示意图

网格的数量会对结果产生较大的影响。通过调整整体与局部网格尺寸，划分出了网格数为72687，101957，139477，174865，216586，259908，312566的7组网格，并选取光束入射点中心处辐射强度作为判定标准，图2-25为网格无关性验证结果。最后选取网格数为259908的模型作为计算模型。

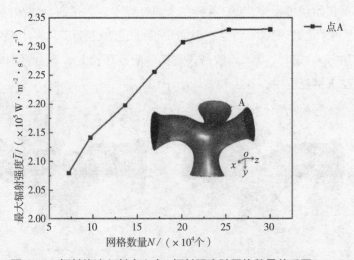

图2-25 辐射能流入射中心点A辐射强度随网格数量关系图

2.3.4 　局部点入射辐照结果分析

（1）辐射强度分布。

图2-26依次展示了在局部点入射下四种波长的平均辐射强度的分布情况。可视化辐射强度的等值面由式（2-5）建立。

$$\overline{I}(\vec{r}) = \frac{1}{4\pi} \int_{\Omega=4\Omega} I(\vec{r}, \ \vec{s}) \mathrm{d}\Omega \tag{2-5}$$

图2-26中，从外向内第一至五层依次代表5000，10000，20000，40000，80000 W/（m^2·sr）的辐射强度在多肋筋结构中的分布。从俯视图来看，最初在0.5 μm波长时，辐射强度在入射点位置呈中心对称的半球形分布，随着入射波长的增加，辐射强度沿入射方向的轴向距离开始增加，周向距离开始减小，这种趋势可以在λ=2 μm的子图中发现。直到λ=5 μm波长时，周向距离明显减小，而波长增加到λ=7 μm时，周向距离减小到几乎等同于入射光束直径。从前视图来看，辐射强度的分布也直观地体现在轴向距离的增加，在波长λ=5 μm的子图中，$\overline{I}$=5000 W/（m^2·sr）直接贯穿了整根轴向肋筋。但在波长λ=7 μm时，轴向距离又突然变短。

这种轴向与周向上距离变化的最主要原因是氧化铝陶瓷有着随波长增加而往复变化的衰减系数和不断减小的散射率。氧化铝陶瓷在从λ=0.5 μm到λ=6 μm的波段中，散射系数大幅下降，使得入射点处散射行为开始变弱，辐射强度分

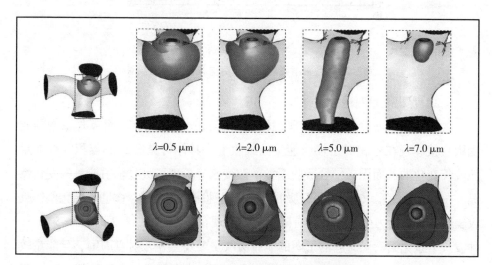

λ=0.5 μm　　　λ=2.0 μm　　　λ=5.0 μm　　　λ=7.0 μm

图2-26　局部点入射下辐射强度示意图

布周向距离开始变小，而吸收系数缓慢上升导致整体衰减系数下降，衰减系数代表阻止辐射沿入射方向传播的能力。这就导致在多肋筋结构中，辐射强度整体分布从半圆球状向类圆柱状变化。而在波长增加到$\lambda=7$ μm时，在轴向距离上的突变也来源于氧化铝陶瓷在$\lambda=7$ μm时的吸收系数快速增长。对于轴向上的衰减距离与波长的关系，将其整理于图2-27中，虚线部分代表超出肋筋长度的衰减距离，沿底面拼接模型，使辐射强度等值面可以完全显示。值得注意的是，即使氧化铝陶瓷在$\lambda=2$ μm波长下的衰减系数（$\beta_{\lambda=2\ \mu m}=5.15$ mm^{-1}）和在$\lambda=7$ μm波长下的衰减系数（$\beta_{\lambda=7\ \mu m}=4.79$ mm^{-1}）差异很小，两者的辐射强度的分布情况仍差异显著。这种显著差异的原因在于在$\lambda=2$ μm波长下，氧化铝陶瓷的辐射特性是散射行为占主导，而在$\lambda=7$ μm波长下则是吸收行为占主导，两种不同行为主导的辐射强度自然差异明显。

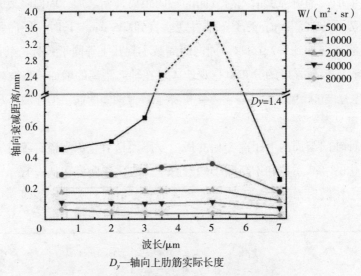

D_y—轴向上肋筋实际长度

图2-27　各辐射强度衰减距离与波长变化关系图

（2）容积能量吸收。

散射系数的改变直观地体现在辐射强度的分布情况上，而吸收系数的改变则直接体现在容积对于辐射能量的吸收上，具体可见图2-28容积吸收能量随波长变化的截面图，结合吸收系数的改变来分析容积吸收辐射能量的变化情况。在$\lambda=0.5$ μm到$\lambda=6$ μm波段，吸收系数上升速率极其缓慢，多肋筋结构整体吸收辐射能量的能力上升也十分有限，具体表现在$\lambda=0.5$ μm，$\lambda=2$ μm，$\lambda=5$ μm三种波长下氧化铝陶瓷对应的子图的能量吸收主要发生在入射点周围，且能量较低。而$\lambda=7$ μm时，氧化铝陶瓷的吸收系数有了较大的提升，这也使得$\lambda=7$ μm时容积吸收的能量明显大于前三个波长，分别是$\lambda=0.5~\mu m$时容积吸收能量的41.88倍、$\lambda=2~\mu m$时容积吸收能量的28.30倍、$\lambda=5~\mu m$时容积吸收能量的26.18倍。

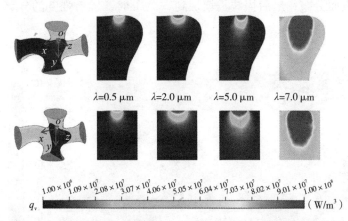

图2-28　多肋筋结构在局部点入射下容积吸收能量随波长变化图

2.3.5　覆盖面入射辐照结果分析

（1）辐射强度分布。

覆盖面入射的照射方式使得整个多肋筋结构对辐射热流的反应更加直观，更加明显。图2-29展示了在覆盖面入射的照射方式下，辐射能流在多肋筋结构表面的分布情况。

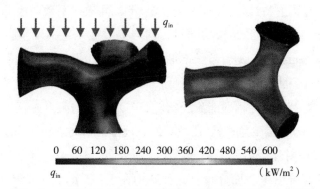

图2-29　覆盖面入射下辐射能流在多肋筋结构表面分布情况

覆盖面入射辐照方式下的可视化的辐射强度等值面也采用式（2-5）建立。具体的分布情况如图2-30所示，全覆盖的能流带来了更高的辐射强度，辐射强度按强度大小自上而下排列于多肋筋结构中。在波长$\lambda=0.5~\mu m$时，氧化铝陶瓷的高散射率带来了十分明显的辐射强度分层现象，这一分层现象随着波长增加带来的氧化铝物性变化而改变；在波长增加到$\lambda=2~\mu m$时，辐射强度开始沿着多肋筋结构表面形状分布，具体表现在λ=2 μm子图中的从外向内的第二层部分；在波长增加到λ=5 μm时，这种情况更为明显，辐射强度开始更多地沿后缘表面分布；最后当波长增加到λ=7 μm时，辐射强度的分布与λ=2 μm时相似。

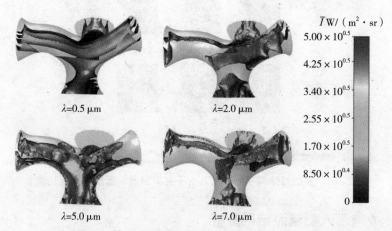

图2-30　覆盖面入射下辐射强度在多肋筋结构中的分布情况

从最初λ=0.5 μm波长下的辐射强度层次分明地自上而下分布发展到之后较为混乱的分布，以及点入射结果的分析相，看似辐射强度分布越来越无序，实则这种"无序"的变化也有规律可循，此种变化的原因依旧是随波长变化的氧化铝陶瓷自身辐射特性。在λ=0.5 μm波长下，高散射系数与极低的吸收系数让辐射能流在穿过多肋筋结构的同时，均匀扩散且几乎不发生吸收现象。在λ=0.5 μm到λ=6 μm波段，随着波长增加，吸收系数缓慢上升，散射系数快速下降，使得能穿过多肋筋结构的辐射降低，而在辐射能流接触到后缘表面时发生的反射现象，使得一部分辐射能流经反射后与来流辐射融合，这也是辐射强度沿多肋筋结构形状分布的原因。比较λ=2 μm子图和λ=5 μm子图时，可以发现λ=2 μm子图中辐射强度沿上半部分后缘表面分布，λ=5 μm子图中辐射强度则更容易沿下半部分后缘表面分布。此种差别在于λ=5 μm下的氧化铝陶瓷相较于λ=2 μm有更低的散射系数和几乎不变的吸收系数。散射系数下降使得辐射能流在接触后缘时，扩散效应更微弱且几乎不被吸收，从而使得反射辐射与来流辐射的融合结果看起来更加明显。此外，λ=5 μm子图中选择现实的辐射强度恰好显示出在某一角度下辐射能流的全发射效果，全入射效应在下文的容积吸收的分析中也有体现。以上两点原因结合，充分说明了在λ=5 μm的氧化铝陶瓷中辐射强度沿下半部分的后缘表面分布。

（2）容积能量吸收。

如图2-31所示，覆盖面入射下辐射热流均匀照射整个多肋筋结构，使得容积吸收的能量比起局部点入射有很大的提升。但是辐射特性所决定的吸收表现与点入射基本一致。缓慢上升的吸收系数使得截面图中容积吸收能量缓慢增加。虽然$\lambda=5$ μm下氧化铝陶瓷的吸收系数相较于$\lambda=2$ μm几乎没有提升，但是其较低的衰减系数使得辐射能量更易进入多肋筋结构内部，同时，后缘表面对辐射能流的反射效应使得在$\lambda=5$ μm波长下氧化铝陶瓷中，后缘表面附近的能量更高。当波长增加到$\lambda=7$ μm时，对应的氧化铝陶瓷辐射特性表现为高吸收，致使$\lambda=7$ μm下整个多肋筋结构吸收的能量是$\lambda=0.5$ μm时容积吸收能量的7.53倍、$\lambda=2$ μm时容积吸收能量的5.48倍、$\lambda=5$ μm时容积吸收能量的3.49倍。

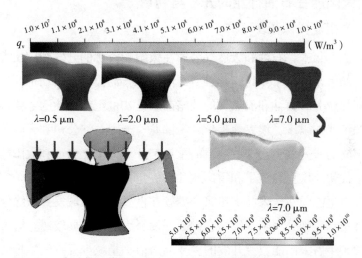

图2-31　多肋筋结构在局部点入射下容积吸收能量随波长变化图

参考文献

[1] 陈学. 泡沫多孔材料中强制对流与高温辐射的耦合传热研究[D]. 哈尔滨: 哈尔滨工业大学, 2016.

[2] LI Y, CHEN H W, XIA X L, et al. An approach to determine radiative properties of solid struts of open-cell foams by pore scale identification from macro scale measurements[J]. International communications in heat and mass transfer, 2021, 125: 105290.

[3] LI Y, YANG J R, CHEN H W, et al. Thermodynamic and economic analysis of a novel solar heating crude oil system in oil refinery[J]. Materia-rio de janeiro, 2024, 29(2): 1-18.

[4] CHEN H W, LI Y, WANG F Q, et al. 3D visualized characterization of radiation energy transport in a real semitransparent foam strut under high irradiation beam[J]. International journal of thermal sciences. 2021, 167: 107019.

[5] 李洋, 陈红伟, 夏新林, 等. 强辐照下陶瓷泡沫骨架内的辐射能量传输机理研究[J]. 工程热物理学报, 2021, 42(8): 2068-2071.

第 3 章

太阳能吸热器加热原油系统研究

3.1 太阳能吸热器加热原油系统研究

3.1.1 太阳能在石油行业的开发与利用

3.1.1.1 太阳能资源开发

在过去40年中，石油和天然气公司在太阳能资源的开发和应用方面作了较大贡献。20世纪七八十年代，几乎所有的国际石油公司都启动了开发太阳能技术的计划和业务。石油和天然气的战略前景是20世纪80年代的主要推动力，自20世纪70年代初以来，埃克森美孚、雪佛龙、英国石油公司和壳牌公司启动了关于太阳能的研究项目，这些项目的重点是开发太阳能电池和太阳能系统。20世纪90年代初，埃克森美孚和雪佛龙几乎停止了这一领域的研究工作，因为它们认为可再生能源在未来几十年只会继续在世界能源领域发挥边缘性作用。英国石油公司和壳牌公司则继续为它们的开发努力，但进展较慢。对大多数公司来说，1990年后太阳能资源开发的主要动力似乎是减少温室气体排放、实现能源多样化和确保其安全应用。

大多数原油储量都位于太阳辐射高的地区，这意味着在这些地区开采太阳能资源具有较大的经济效益。中国太阳能资源分布的总体趋势是西多东少，北多南少，可将其分为四个资源带，如表3-1所列。从表中可知，宁夏、甘肃、新疆、青海和西藏等地区太阳能资源较丰富，地广人稀，非常适合太阳能的开发利用，而我国油田大都位于此类地区，因此对于太阳能的开发、利用潜力巨大。

3.1.1.2 太阳能利用

古人最早利用太阳能主要是用于加热和干燥，随着社会的进步和科技的发展，目前太阳能的利用形式出现了多元化的发展。太阳能在石油行业最早

表3-1　中国太阳能资源等级划分

等级	太阳能条件	年日照时数/(h·a⁻¹)	年太阳辐射量/[MJ·(m²·a)⁻¹]	地区
一	资源丰富区	3200～3300	＞6700	宁北、甘西、新东南、青西、藏西
二	资源较丰富区	3000～3200	5400～6700	冀西北、京、津、晋北、内蒙古及宁南、甘肃中东、青东、藏南、粤南
三	资源一般区	2200～3000	5000～5400	鲁、豫、冀东南、晋南、新北、吉、辽、云、陕北、甘东南、粤南
		1400～2000	4200～5000	湘、桂、赣、江、浙、沪、皖、鄂、闽北、粤北、陕南、黑
四	资源贫乏区	1000～1400	＜4200	川、黔、渝

的应用之一是使用光伏电池板发电，应用于特殊的操作现场，如海上装置的警示灯。油田的应用包括管道和套管的阴极保护，使其免受腐蚀，这在无法获得公用电的地区尤其有用。经过近几年的发展，聚光集热技术成为现在太阳能利用的主要方式，根据不同的温度范围可以将其分为低温利用（＜200 ℃）、中温利用（200～600 ℃）以及高温利用（＞600 ℃）。该技术在油田上游行业的主要应用之一是产生高温高压的蒸汽以提高石油采收率，加热后的蒸汽温度可达550 ℃。太阳能在上游行业的另一个重要且有前景的应用是对油气井生产的盐水进行脱盐，由于大多数油气田都位于干旱、半干旱地区，这些地区的水资源极其有限，脱盐处理既能循环利用水资源，又能减少盐水中的杂质，减少污染环境。将太阳能应用在油田开发生产中的下游阶段正是本书的研究内容。因此，对于太阳能的利用以及聚光集热技术的应用，迫切需要投入大量研究来实现该技术的快速发展。

本书利用碟式太阳能集热器，采用太阳能高温集热技术，可将传热流体（空气）的温度加热到600 ℃以上。而对于原油的加热温度，可分为两种情况：一种是将储罐中的原油维持在一定温度，或是将储罐中的原油抽出来并外输，这个过程也需要进行加热，温度大概为60 ℃；另一种是对刚开采出的原油进行精炼加工，需要将原油加热到高温后才能脱除一些杂质，温度大概为300 ℃。本书设计的第一个系统属于第一种情况，第二个系统属于第二种情况。

3.1.2 太阳能加热原油系统国内外研究现状

3.1.2.1 国外研究现状

为了将可再生能源太阳能应用在油田及油气集输领域，很多国内外学者和企业已经做了大量的研究工作。在国外，此类应用的记载最早可追溯到20世纪70年代，埃克森美孚公司利用太阳能集热器在加利福尼亚的Edison油田进行作业。1979年至1980年，美国能源部又委托埃克森美孚、福斯特惠勒和霍尼韦尔三家公司进行一项用来评估槽式太阳能集热器系统和太阳能热采油市场的可行性研究，但是由于设备的成本太高，不太适用于太阳能热采油的运营，建议美国能源部能够提供经济帮助，以促使这一开创性太阳能热采油项目的所有者在更大范围内再次尝试运用太阳能系统。尽管这个早期建议在当时落空了，但是其开创了太阳能在油田领域应用的先河。1982年，福斯特惠勒公司仍继续致力于设计和建造太阳能加热系统，用来向加工工业供应热水和蒸汽。同年，阿尔科公司完成安装并开始运行一个容量为1 MW的高度自动化中央吸热器太阳能热试验工厂，以80%的蒸发量提供热能。该研究得出的结论是，中央吸热器太阳能系统可以成为产生蒸汽的有效热源，从而提高稠油的采收率。在20世纪80年代，随着石油价格的下跌，人们对太阳能技术发展的兴趣也在下降。到了20世纪90年代，随着油价的回升，关于太阳能热利用的研究势头再次增强。澳大利亚一家太阳能公司利用类似蜂窝状的吸热材料和一种选择性涂层来提高太阳能的吸收比例，从而达到加热原油和降低原油黏度的目的，该系统可以将原油温度保持在比环境高50 ℃的水平。Lasich等利用Helitherm技术，采用模拟计算器增加了原油的输量，也达到了管道伴热的效果，并将其成功应用于阿曼、印度尼西亚等国家的原油管道，证实了该方法加热原油的可靠性。阿曼石油开发公司在利用太阳能加强石油活动方面有了新的进展，它发现对于裂缝性油藏和非裂缝性油藏，太阳能蒸汽注入的石油采收率和使用以天然气为燃料的常规蒸汽注入的石油采收率基本相同。因此，得出结论：利用太阳能产生的蒸汽为提高石油采收率提供了另外一种可行的选择。2012年，Amal West油田建成并投产了一个集中式太阳能热试验工厂，将太阳能系统与现有的传统蒸汽发生器集成在一起，反射镜和吸热器包含在一个玻璃结构中，可阻挡恶劣的环境因素，该系统的集热器总面积为17280 m²，平均每天能产生约50 t蒸汽。蒸汽条件的报告结果为10 MPa和312 ℃，该工厂每年将节省近49500 GJ（47000 MMBtu）的天然气。近几年，也有很多学者致力于原油加热系统的研究。Mamedov等设计了一种集中式抛物面型太阳能集热器系统，他们将该系统应用在阿塞拜疆科学院辐射研究所的太阳能试验场中，最高可将原油加热到176 ℃。Altayib等开发了一套用于预加热原油的太阳能供能系统，并评估了三个预热阶段的原油精炼厂关键性能指标，其中最大能量效率可达60.94%。Abdibattayeva等利用碟式太阳能集热器，通过试验的方法确定了输油管道的最佳输送参数后，设计了一套太阳能加热原油系统，解决了将太阳能用于管道高压输油的问题，将管道的输油效率提高了3%～50%，降低了能源的成本，减少了环境污染。

3.1.2.2　国内研究现状

国内相关技术的研究开展较晚，但发展势头迅猛。2004年，贾庆仲以辽河油田的原油输送为例，通过实地考察和热力计算，证明了利用太阳能集热器加热原油是可行的，且采用间接加热的方式更加安全可靠。同年，王学生等结合原油加热输送的工艺条件和特点，采用间接加热的方式设计了一套太阳能加热原油系统，可将原油温度提升25～30 ℃。2006年，丁月华等依靠辽河油田的自然条件，制定了风光电一体化的节能方案，通过实际应用解决了原油加热的不稳定问题，也达到了一定的节能效果。2008年，河南油田采用单井储罐太阳能加热装置，可将原油的温度维持在45 ℃左右，较好地解决了用电热棒加热存在爆炸隐患和耗电量大的问题。2009年，中国石油辽河油田兴56号采油站应用太阳能加热技术对开采出来的原油进行加热，原油可维持在一定的温度，使用该技术后该采油站全年平均节气率可达到45%。2010年，刘力等对拉油井组储罐原油进行分析，该研究得出储罐原油温度可保持在30 ℃以上，对燃煤供热系统进行补偿，不仅减少了环境污染，而且降低了投资成本，实现了节能和经济发展的目标的结论。2011年，海南联合站采用热泵技术给原油集输进行伴热和站场供暖，年节省运行费用73.2万元。侯磊等介绍了太阳能在国内油气田地面工程中的应用情况，指出了太阳能具有辐射强度不稳定、能流密度低等问题，并给出了相应的风能互补、储热等应对措施。2012年，高丽设计了一套太阳能辅助电加热储运系统，在王龙庄油田进行了现场试验，并在李堡油田正式应用了该技术，每年可节省费用30多万元。2013年，关俊岭调研了塔河油田井场，并分析了太阳能高温热在油田上的前景与不足，为油田中的太阳能光热利用积累了经验。2016年，陆钧等研究了太阳能聚光集热技术在稠油集输加热中的应用，指出槽式太阳能加热技术相比于其他类型的加热技术，具有成熟、可靠且经济可行的特点，将其推广到稠油集输加热领域具有良好的应用前景。2019年，徐旭龙等对水套加热炉、石油防爆电磁加热器和太阳能辅助原油加热装置三种井口加热装置在安塞油田的现场使用情况进行了对比及经济效益评价，以装置十年的使用寿命为基准，得出太阳能辅助原油加热装置的总费用最低，也更环保的结论。2020年，郝芸等设计了适用于油田井口的光伏光热一体化原油加热系统，该系统可实现3.59 h的夜间原油加热，每年可节约天然气21000 m^3。2021年，李武平等利用太阳能辅助电加热的光电一体化装置替代加热炉，对储油罐原油和油井集油管线进行伴热，在虎8拉油点成功应用，使原油采出液温度升高17~20 ℃，每年节省天然气$4.8 \times 10^4 m^3$，每年可节约燃料费15万元。2022年，解建辉等论证了利用太阳能加热原油对减少碳排放，实现碳中和，发展低碳经济的发展前景，从节能和环保角度对于重塑石油能源体系具有重要意义。

3.1.2.3　存在的问题

通过文献调研可以发现，太阳能加热原油技术从刚开始的试验阶段已经逐渐走向成熟，并在油田及原油集输领域投入了使用，但仍存在一些问题。

（1）从宏观来看，研究者虽然设计了很多不同类型的太阳能加热原油系统，也做了很多系统创新的工作，但是没有考虑系统的效率和稳定性问题。太阳能热利用的关键，是提高其利用率以及保证系统稳定、安全地控制加热原油的温度，满足生产需求。传统的加热系统容易受诸多环境条件的影响，且太阳辐射强度具有不稳定性，特别是当太阳落山后，太阳辐射会减少。同时，原油产量具有不稳定性，原油流量、温度等都在实时变化。因此，在设计原油加热系统时，本书结合蓄热装置以及其他辅助加热能源，采用计算机智能控制技术对各种外界环境变化的情况进行监控和反馈，对原油加热进行恒温控制，使系统安全稳定地运行，全方位提高太阳能的综合热效率。

（2）从微观来看，多数研究者没有考虑系统的能量和经济性能问题。本书将采用㶲分析的方法对系统能量进行详细分析，㶲分析考虑了系统有效能和热力学不可逆性等因素，可以找出系统中主要的㶲损失过程。而对于经济分析部分，将采用年化成本法对系统进行经济性分析。在这种方法中，系统的所有成本都是在其估算寿命内计算的，能够从经济学角度有效反映出系统设计的可行性。

3.2　原油加热原理及仿真模拟方法

3.2.1　原油加热方式

能源短缺和环境污染问题，一直是世界两大难题。我国油田产出的原油大都为高黏、低凝原油，要保证其正常输送就需要进行加热处理，这一过程需要消耗大量能源。传统的原油加热方式不仅会造成大量的能源消耗和严重的环境污染问题，而且存在不小的安全隐患。因此，急需开发一种结合清洁能源的原油加热技术。原油加热可分为直接加热和间接加热两种方式：直接加热方式是利用热源来直接加热原油，这也是原油受热效率最高的一种方式；间接加热方式是热源将热量提供给传热流体，流体再通过热交换器将热量间接传递给原油。油品加热常用的热源主要有蒸汽、热水、热空气和电能等。直接用热源加热原油的方式，一般有以下几种：单井罐电加热棒直接加热，单井火烧罐加热，电加热抽油杆提油、集输站电加热棒直接加热，集输站伴生气燃烧加热。这类加热方式不仅存在能源的浪费及环境污染问题，而且非常危险，容易发生着火爆炸，同时，由于加热功率大，非常浪费电能。原油直接加热方式如图3-1所示。而间接加热，例如对原油储罐的加热，则可通过蒸汽间接加热法或热油循环加热法来加热，如图3-2所示，这种加热方法不仅安全可靠，而且效率比直接加热高。

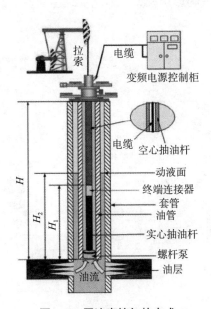

图3-1　原油直接加热方式

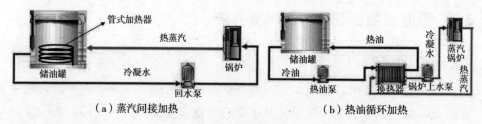

图3-2　原油间接加热方式

　　近年来，国内外也在不断探索新的原油加热方式，人们发现，将太阳能应用在油田及油气集输领域可解决能源浪费及环境污染问题。我国西部和北部地区太阳能资源十分丰富，国内许多大型油田均位于该地区，因此在该地区开发和利用太阳能资源具有相当好的前景，原油加热采用太阳能也必将在节能降耗、绿色环保方面起到积极的示范与推广作用。由于将太阳能作为热源，温度较高，原油在集热器内会产生结焦现象，故很少利用太阳能来直接加热原油，更多的是采用间接加热原油的方法，如图3-3所示。太阳能间接加热是通过加热传热流体，原油进入换热器后，在正常太阳能辐射条件下，依靠太阳能加热，开启循环泵，低温传热流体进入太阳能集热器加热后温度升高，在换热器中对原油进行加热，如此循环。本书采用间接加热原油的方式，将太阳能作为热源，将空气作为传热流体，设计了两套太阳能加热原油系统。由于太阳能具有不稳定性，受天气的影响较大，因此系统还配备了蓄热装置，可实现全天加热。

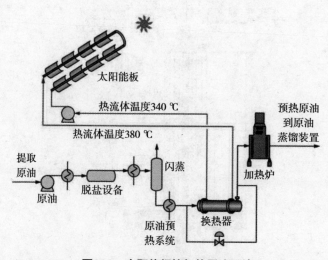

图3-3　太阳能间接加热原油系统

3.2.2　CFD模拟方法

3.2.2.1　模拟计算方法

在进行计算流体力学（computatianal fluid dynamics，CFD）模拟时，数值模拟的控制方程是描写守恒原理的偏微分方程组，常用的数值计算方法主要有有限差分法（FDM）、有限元法（FEM）以及有限体积法（FVM）。本书采用的是有限体积法（FVM），而应对FVM的方法主要有两种：一种是同时求解各变量的离散方程，这种方法叫耦合算法；另一种是依次求解各变量的离散方程，这种方法叫分离算法。在Fluent软件中，求解器算法以耦合和解耦合的形式表示。一般来说，对于可压缩流动采用耦合算法，对于不可压缩流动则采用解耦方法。对于算法的选择，则采用SIMPLE算法，这种方法是现在计算流场使用最广泛的方法，主要用于可压缩流场的数值解压缩（也可用于流场的解压缩）。

在Fluent软件中，常用到的湍流模型主要有Spalart-Allmaras模型、标准 k-s 模型、能够实现 k-s 模型的RNG k-ε 模型、标准的 k-ω 模型、剪切压力传输（SST） k-ω 模型、雷诺应力模型（RSM）和大涡模拟（LES）。对于太阳能吸热器，由于流体是层流流动，故无须用到湍流模型。而对于原油换热器，由于换热器有折流板的存在，流场必然会出现剧烈转折，易产生漩涡，而RNG k-ε 模型在漩涡方面提高了计算的精度，因此换热器则采用RNG k-ε 湍流模型。由于该系统涉及传热，故在计算时要开启能量方程。

3.2.2.2　模拟求解步骤

采用Fluent软件对太阳能吸热器和原油换热器进行数值模拟，Fluent作为市场上最受欢迎的CFD软件之一，功能非常强大，可以处理流动、热传导、混相流、化学反应、液固结合等各种问题。Fluent软件求解主要分为以下几个步骤：

（1）确定几何形状，生成计算网格。值得注意的是，在处理复杂的形状流时，建议使用由三角形、四边形、四面体、六边形和金字塔形构成的非结构化网格。此外，也可以使用混合非结构化网格，因此用户可以基于解决方案来解决特定的问题。

（2）在几何模型创建、网格生成以及边界条件定义后，将其导入Fluent软件中。

（3）选择合适的求解器（2D或3D）。

Fluent 2D：二维高精度求解器。

Fluent 3D：三维高精度求解器。

Fluent 2ddp：二维双精度求解器。

Fluent 3ddp：三维双精度求解器。

（4）网格和单元的检查。在进行计算之前，需要对网格进行检查：如果网格的最小面积或者体积出现负数，则需重新划分网格；若网格的最小面积和体积都为正数，则可用于该问题的模拟计算。

（5）选择求解方程。

（6）定义流体的物理特性。物性参数可以在材料库里面选定；物性参数没有的，可以自行在材料库里面设定其值。

（7）定义边界的类型和条件。

（8）确定条件，计算控制参数。

（9）初始化流场。在Fluent 19.0中，初始化有混合初始化和标准初始化，本书选择的是标准初始化，初始化区域为全部区域。

（10）求解计算（iterating）。

（11）保存计算结果（数据文件）。计算结束后保存相应的cas和dat文件，便于后面再计算或者导入后处理软件进行数据的后处理。

（12）进行后处理。

3.2.3　系统仿真方法

3.2.3.1　仿真模拟功能及步骤

Aspen Plus是国际通用的大型工艺流程模拟软件，该软件的应用范围主要是稳态模拟，可对一些大型工艺流程进行优化、灵敏度分析和经济分析，被广泛应用于化工和石油化工等领域，已成为学术界和工业应用中最常见的过程模拟工具之一。Aspen Plus主要由数据库、单元操作模块和系统实现方法三部分组成，主要功能包括：①回归试验数据；②设计仿真流程；③计算物料和能量平衡；④确定主要设备的大小；⑤优化工艺装置。软件还提供Model Manager专家指导系统，可帮助用户进行流程模拟，极大地提高了软件的扩展性和适用性。

Aspen Plus软件模拟时一般按照如下步骤进行：

（1）建立模型，新建空白或内置模板，选择模拟的运行类型，其中flow

sheet类型最常用。

（2）定义流程，即在Aspen Plus中定义单元操作模型。

（3）定义全局信息，包括平衡要求、有效相态、诊断信息、全局单位制等。

（4）规定物性组分，除了软件自身标准的内置数据库，用户还可使用自己的数据库。

（5）选择物性方法，Aspen Plus软件中提供了很多物性方法，本书选择适用于原油模拟的BK10物性方法。

（6）定义进料流股，流股参数包括流量、组成、温度和压力等。

（7）规定过程条件，定义单元模块的运行方式、顺序和最终结果等。

（8）运行模拟。

3.2.3.2　热力系统中的仿真应用

Aspen Plus软件在进行热力系统方面的模拟时常用的模块有三类，分别是模拟换热过程的换热器、模拟燃烧等化学反应的反应器、模拟压缩膨胀过程的压力变送设备。

换热器模块：用户可以选择简捷法和严格法来计算换热过程，模拟一股或多股物流的换热情况。简捷法需要设定一个总体的传热系数和传热面积来模拟传热过程。严格法需要给定准确的设备的几何形状、尺寸及该尺寸下的传热系数，通过严格的传热学推导和计算模拟传热过程。换热器模块如图3-4所示。

图3-4　Aspen Plus换热器模块

反应器模型：在Aspen Plus软件中，有7种反应器模型可供选择，分别是RStoic、RYield、REquil、RGibbs、RCSTR、RPlug、RBatch。在进行热力系统的模拟时，通常选取RGibbs模块来模拟燃烧过程的燃烧室等，其可以模拟多相化学过程，且不需要给出反应物的计量关系。反应器模块如图3-5所示。

图3-5　Aspen Plus反应器模块

压力变送设备模块：由Pump模块模拟泵，由Compr模块模拟压缩机和透平机，由Valve模块模拟阀。压力变送设备模块如图3-6所示。

图3-6　Aspen Plus压力变送设备模块

3.2.3.3　系统建模方法

太阳能加热原油系统涉及各种类型的设备，包含较多的热力部件和循环回路。本书基于模块化思想，先针对太阳能加热原油系统中的设备和过程进行分析，随后在Aspen Plus中建立设备的机制模型或数据驱动模型，找到合适的单元模块加以表示，最后将各模块按照其相互之间的关系有机地结合在一起，从而模拟出太阳能加热原油系统。

对太阳能加热原油系统中的设备进行分析，最重要的是分析其功能，根据功能的不同，将其进行分解，对于特定的功能在Aspen Plus中寻找合适的单元模块加以表示，根据实际设备的设计数据和运行数据，将通用的单元操作模块具体化。Aspen Plus模块化建模方法如图3-7所示。

序贯模块法（sequential modular approach）是依据实际物流的物理顺序对各单元模块依次进行计算，得出各输入、输出物流的热力学状态变量和流量变量的流程模拟计算方法，目前绝大多数流程模拟都采用这一方法。Aspen Plus通用流程模拟系统如图3-8所示。

本书建模过程采用序贯模块法，该方法的主要内容参照结构模块设定，开始于系统物质和能量的输入，依次计算该物质流和能量流进入不同单元模块后对应的输出，此模块的输出则为下一模块的输入，如此循环往复，最终得到系统的最终输出结果。

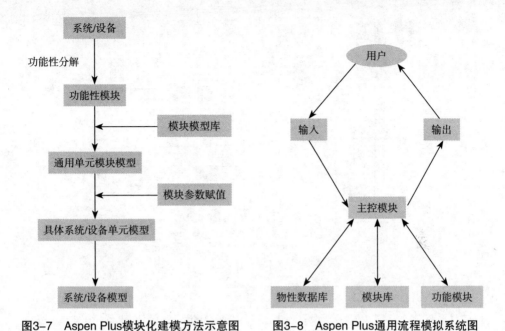

图3-7 Aspen Plus模块化建模方法示意图 　　图3-8 Aspen Plus通用流程模拟系统图

在利用Aspen Plus软件进行仿真模拟时，需要设定一个相应数值使模拟流程结束计算，这个数值称作迭代收敛数。Aspen Plus软件采用先进的数值计算方法，可以使流程模拟迅速而准确地收敛，计算方法主要有Wegstein法、直接迭代法、正割法、拟牛顿法和Broyde法等。通过分析考虑，本书在模拟中选择的收敛方法为Wegstein法。

3.3 系统方案设计及关键部件的CFD模拟

3.3.1 太阳能加热原油系统概述

太阳能加热原油系统结合了太阳能集热技术、电制热技术和储能供热技术，主要由集热、蓄热、供电、预热、热交换、辅助热源、计算机控制七个子系统组成，如图3-9所示。系统采用间接加热的方式，运用工业计算机控制过程算法，实现原油的恒温控制，使系统安全稳定地运行。系统采用碟式太阳能高温泡沫集热器，整个系统分为三级加热方式，太阳能集热器为一级加热方式，蓄热器为二级加热方式，风力发电为三级（补充）加热方式。加热的具体流程为：

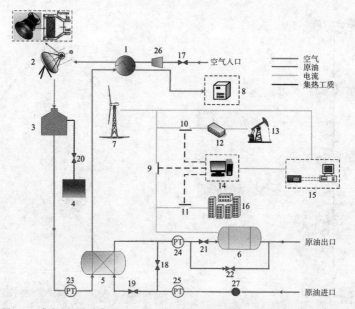

1—空气预热器；2—碟式太阳能聚集器；3—蓄热器；4—辅助热源；5—原油换热器；6—电热炉；7—风力发电机；8—干燥系统；9~11—切换开关；12—直流/交流转换器；13—采油机的机电；14—计算机能量管理系统；15—数据采集系统；16—市电；17~22—自动控制阀门；23~25—温度、压力测控计；26—空气压缩机；27—油泵。

图3-9 太阳能加热原油系统流程图

（1）当太阳光照充足时，利用太阳能集热器正常加热，此时蓄热器在蓄热。打开阀门17，19和22，将阀门18，20和21关闭。空气经过空气压缩机26进入碟式太阳能聚集器2中，高倍聚光光斑落入吸热器内被换热工质（空气）转化为热能，空气将热量带出后进入蓄热器3，经放热/稳温后，热空气进入原油换热器5中，与原油进行换热，换热器出口空气进入空气预热器1中，预热新进入系统的冷空气。预热器出口的空气还带有一定的热量，可以供给干燥系统8。原油与空气在换热器中充分换热后，经过温度、压力测控计23以判断原油温度是否达到标准：若原油温度过高，则可减小阀门17的开度，从而减少空气带入换热器中的热量，使原油温度降低；若温度过低，则可打开阀门21，原油经过电热炉6继续加热，使其达到标准后再往外输送。

（2）在夜间或遇到阴雨天气时，利用蓄热器进行加热，此时蓄热器在放热。打开阀门17，19，20和22，关闭阀门18和21。由于蓄热器3释热能力有限，一方面，通过电制热技术，将风力发电机7的电能转换为热能，或利用辅助热源4为蓄热器补充热能；另一方面，利用在正常太阳光照条件下蓄热器中储存的热量，气体经过蓄热器后获得高温，进而通过换热持续加热原油。同样，若原油温度过高，则可减小阀门17的开度，使原油温度降低；若原油温度较低，则可打开阀门21，利用电热炉对原油进一步加热。蓄热器的设置有效解决了太阳能的不稳定问题，可使系统实现跨季节、昼夜运行。而辅助热源的设置，主要用于在紧急情况下对蓄热器进行加热，确保系统持续稳定运行。

（3）当环境极端恶劣时，碟式太阳能聚集器和蓄热器已经停止工作，此时主要利用风力发电系统与市电进行联合加热。关闭阀门17，19，20和22，打开阀门18和21，原油直接进入电热炉里面以电进行加热。在正常太阳辐射条件下，太阳能即可满足大部分原油加热任务，此时风力发电产生的电能经切换开关进入电力变流设备进行整流、逆变，给抽油电机提供电能。而需要风力发电提供电能来加热原油时，切换开关将电能切换到电热炉，即可利用电能加热原油。本系统将电热部分与市电供电系统并联，在光热和风电均不能满足原油加热要求时，切入市电加热。

整个系统的流程控制、逻辑条件判断、数据存储等由计算机能量管理系统完成。系统判断被加热的原油温度是否符合生产要求，符合则让原油外输。若温度不够，则开启电热炉对原油进行加温，使原油在电热炉内二次加热，实现恒温控制，直到原油温度符合要求再外输。高度自动化及智能化的加热方式，以及光能、风能和电能的有效结合，使该系统安全、稳定、高效地运行，全方位地提高了系统的热效率。

3.3.2　系统简化方案

由于3.3.1中设计的太阳能加热原油系统流程较复杂，对整个系统进行数值模拟的计算量过大，综合以往学者对原油加热系统设计的合理性考虑，只对本系统中的关键部件进行数值模拟，即太阳能吸热器和原油换热器的模拟分析，系统简化方案流程如图3-10所示。

在系统简化方案下，加热系统主要是利用太阳能来加热原油，属于整体加热方案的第一种。在这种情况下，太阳能集热器和原油换热器作为系统的关键部件，在原油加热过程中发挥着至关重要的作用。空气经过压缩机后压力升高，随后进入预热器中，预热器可预热刚进入系统的冷空气，使系统快速运转。从预热器出来的中温高压空气进入太阳能吸热器后温度变得更高，随后进入原油换热器中加热原油，从而降低原油黏度，提高原油输送能力。

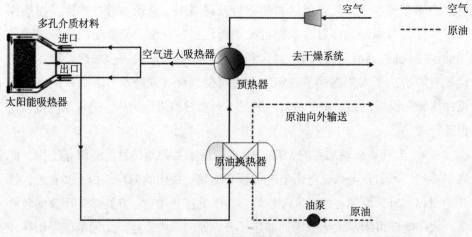

图3-10　系统简化方案流程图

3.3.3　太阳能吸热器的CFD模拟

3.3.3.1　碟式太阳能集热器的模拟

3.3.3.1.1　物理模型

太阳能吸热器的物理模型如图3-11所示，吸热器为圆柱体结构，水平放置，长为0.04 m，半径为0.05 m。多孔介质材料为碳化硅陶瓷材料，孔隙率φ=0.8，孔密度PPI=40。吸热器左侧被太阳辐射热流照射，这也是流体的入口侧，即冷空气从左侧入口进入，在多孔介质内部经过充分流动与换热后从右侧出口流出。由于吸热器壁面采用保温材料，因此可以看作绝热面。

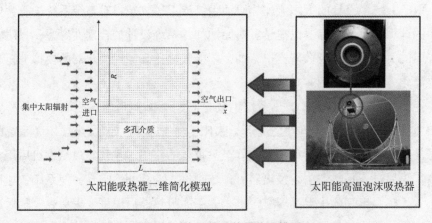

图3-11　太阳能吸热器物理模型

3.3.3.1.2 数学模型

由于太阳能吸热器内部结构较复杂，在模拟过程中，假设：

（1）多孔介质材料为各向同性。

（2）流动为层流，且忽略重力的影响。

（3）固体的热物性不随自身的温度变化而变化。

多孔介质内流体的连续方程为

$$\frac{\partial(\varphi\rho)}{\partial\tau}+\nabla\cdot(\rho\vec{u})=0 \tag{3-1}$$

式中：φ 为孔隙率；ρ 为流体密度，kg/m^3；$\vec{u}$ 为流体表观速度，m/s；τ 为时间，s。

动量方程为

$$\frac{\partial(\rho\vec{u})}{\partial\tau}+\nabla(\rho\vec{u}\vec{u})=\nabla\cdot(\mu\nabla\vec{u})-\nabla p+\left[-\left(\frac{\mu}{k}\vec{u}+0.5C_F\rho|\vec{u}|\vec{u}\right)\right] \tag{3-2}$$

式中：p 为流体压力，Pa；μ 为运动黏度，kg/（m·s）；C_F 为惯性阻力系数。

基于局部非热平衡假设，吸热器内部流固两相存在传热温差，多孔介质内部的能量方程为

流体相：

$$\varphi\frac{\partial(\rho_f c_{p,f}T_f)}{\partial\tau}+\nabla(\rho_f c_{p,f}uT_f)=\varphi\nabla\cdot(\lambda_f\nabla T_f)+S_{conv,f} \tag{3-3}$$

固体相：

$$(1-\varphi)\frac{\partial(\rho_s c_s T_s)}{\partial\tau}=\nabla\cdot\left[(1-\varphi)\lambda_s+\lambda_r\right]\nabla T_s+S_{conv,s} \tag{3-4}$$

对于吸热器内的对流换热，对流换热方程可作为源项加入能量方程中：

$$S_{conv,f}=h_v(T_s-T_f) \tag{3-5}$$

$$S_{conv,s}=S_{conv,f}=h_v(T_f-T_s) \tag{3-6}$$

式中：h_v 为容积对流换热系数，$h_v=h_{sf}\alpha_{sf}$；h_{sf} 为流固两相之间的表面换热系数，W/（m^2·K）；α_{sf} 为多孔介质的比表面积。

针对 h_{sf} 和 a_{sf}，采用参考文献[41]中对流换热模型进行计算，如表3-2所列，雷诺数表达为 $Re=\dfrac{\rho vd}{\mu}$，当 $75<Re<350$ 时，采用线性插值方式得到相关量。

表3-2　对流换热模型

h_{sf}	α_{sf}	备注
$0.04\left(\dfrac{d_v}{d_p}\right)\left(\dfrac{k_f}{d_p}\right)Pr^{0.33}Re^{1.35}$	$\dfrac{20.346(1-\varphi)\varphi^2}{d_p}$	$Re < 75$
$1.064\left(\dfrac{k_f}{d_p}\right)Pr^{0.33}Re^{0.59}$		$Re < 350$

多孔介质可看作半透明介质和光学厚介质，采用Rosseland近似将内部的辐射效应简化为等效的导热系数，辐射热流为

$$q_r = -\lambda_r \nabla T_s \tag{3-7}$$

式中：$\lambda_r = \dfrac{16\sigma n^2 T_s^3}{3k_e}$。

假设多孔介质的光学性质为各向同性，则其辐射特性可由几何光学估算得到：

吸收系数：

$$k_a = \frac{3\varepsilon(1-\varphi)}{2d_p} \tag{3-8}$$

扩散系数：

$$k_s = \frac{3(2-\varepsilon)(1-\varphi)}{2d_p} \tag{3-9}$$

衰减系数：

$$k_e = k_a + k_s = \frac{3(1-\varphi)}{d_p} \tag{3-10}$$

式中：ε为多孔介质表面发射率。

3.3.3.1.3　数值模型

（1）材料特性。

太阳能吸热器内部固体骨架的物性参数为定值，而空气的物性参数随温度变化较大，将其物性参数表示为温度的函数：

空气比热容：

$$C_{p,f} = 1.06 \times 10^3 - 4.492 \times 10^{-1} T + 1.14 \times 10^{-3} T^2 - \\ 8.0 \times 10^{-7} T^3 + 1.93 \times 10^{-10} T^4 \tag{3-11}$$

密度：

$$\rho_f = 3.018 \cdot e^{-5.74 \times 10^{-3} T} + 0.8063 \cdot e^{-8.381 \times 10^{-4} T} \tag{3-12}$$

空气导热系数：

$$\lambda_f = -3.93 \times 10^{-3} + 1.02 \times 10^{-4} T - 4.86 \times 10^{-8} T^2 + 1.52 \times 10^{-11} T^3 \tag{3-13}$$

空气黏度：

$$\eta_f = 0.747 \times 10^{-5} + \frac{2.41 \times 10^{-5}}{700} T \tag{3-14}$$

（2）边界条件。

设定固体和流体的初始温度均为300 K，并且考虑太阳能吸热器进口边界的辐射损失：

$$q_{in} = q_0 - q_{loss} = q(x, y, \tau) - \varepsilon_e \sigma \left(T_{x,y,\tau}^4 - T_0^4 \right) \tag{3-15}$$

式中：ε_e 为表面发射率；σ 为斯蒂芬-玻尔兹曼常数，$\mathrm{W/(m^2 \cdot K^4)}$；$T_{x,y,\tau}$ 为入口一定时间的固体温度，K；T_0 为环境温度，K。

太阳能吸热器的边界条件如表3-3所列。

表3-3　太阳能吸热器边界条件设置

位置	设置
$x=0$	velocity-inlet，u=0.4 m/s
$x=x_0$	pressure-out，P_{out}=0 Pa（表压）
$r=0$	symmetry
$r=R_0$	wall

（3）实现方法。

采用Gambit软件对吸热器进行网格划分，吸热器采用二维网格，在其入口和有较大温差的边界处对网格进行加密处理，太阳能吸热器的网格如图

3-12所示。利用用户自定义程序（UDF）来定义各变量，利用用户自定义标量（UDS）来实现双方程模型，所有方程的收敛精度均为10^{-6}，利用Fluent 19.0软件对太阳能吸热器进行二维稳态过程模拟。

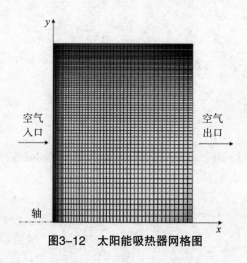

图3-12　太阳能吸热器网格图

3.3.3.1.4　结果分析

对于聚光集热系统，一般可通过MCRTM进行数值计算，从而得到较为接近实际的热流分布。MCRTM作为一种随机抽样方法，具有清晰的物理概念，能够处理复杂几何模型、各向异性散射、梯度折射率热辐射等问题。本模拟利用计算得到的蒙特卡罗热流进行太阳能吸热器稳态过程研究，在研究范围内（$-50\,\text{mm} < R < 50\,\text{mm}$）热流平均值为600000 W/$\text{m}^2$，拟合公式如式（3-16）所示。

$$q = \begin{cases} 600000 & (R \leq 0.038 \text{ m}) \\ M & (0.038 \text{ m} < R \leq 0.048 \text{ m}) \\ 0 & (R > 0.048 \text{ m}) \end{cases} \quad (3-16)$$

式中：$M = 1.93067 \times 10^8 - 1.20838 \times 10^{10} R + 2.52359 \times 10^{11} R^2 - 1.7584 \times 10^{12} R^3$。其中，拟合部分采用三阶多项式拟合，拟合度$R^2 = 0.9996$。

图3-13是蒙特卡罗拟合热流下太阳能吸热器的温度分布。在图3-13（a）中，吸热器进口边缘处出现了较为明显的流体低温区，这是因为蒙特卡罗热流在吸热器进口边缘处几乎为0，且流体在多孔介质内部经过传热与流动，流体沿着轴线方向温度在逐渐升高。在图3-13（b）中，固体温度梯度最大的区域是吸热器进口上接近边缘处的位置，且与流体温度分布相反，沿着轴线方向，

固体温度在逐渐降低。在蒙特卡罗热流条件下，入口固体温度轴线处最高，越
远离轴线位置，温度越低，出口流体温度呈现同样的规律。这样的温度分布是
与蒙特卡罗热流分布中间比例大、两侧比例小相对应的，最终出口流体温度达
到1010 K。

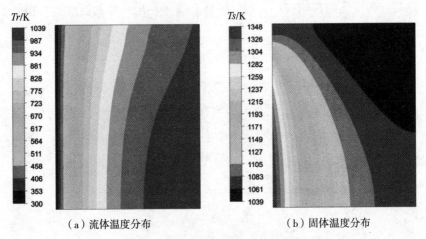

（a）流体温度分布　　　　　　　　　　（b）固体温度分布

图3-13　蒙特卡罗拟合热流下的太阳能吸热器温度分布

　　入口固体、出口流体沿半径方向温度分布如图3-14所示。从图中可以看
出，在热流平均值一定的条件下，入口固体温度沿着半径方向逐渐降低，在接
近入口上端边缘处降低幅度最大，这是由于蒙特卡罗模拟热流在贴近边缘处趋
于0，所以此热流下的入口固体温度较其他区域更低。而出口流体温度呈现的
规律和入口固体温度基本一致，但是变化的幅度较小，这是因为流体先在多孔
介质中经过了流动与传热，而到吸热器出口处流体和固体的温度基本相同，受
热流影响较小，因此只出现了较小的温度变化。

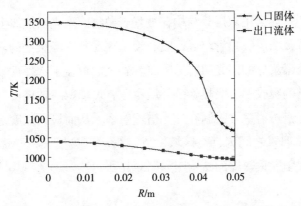

图3-14　入口固体、出口流体沿半径方向温度分布

固体和流体沿轴线方向温度分布图如图3-15所示。从图中可以看出，固体和流体沿轴线方向温度变化较均匀，流体温度变化幅度较固体大，这是由于出口流体在流出多孔介质之前，先在其内部进行了充分的流动和换热，且由于采取措施保证了入口热流总量一定，气体的受热量是一定的，因此出口流体受入口热流分布变化的影响较小，最终固体和流体在出口处的温度基本相同。

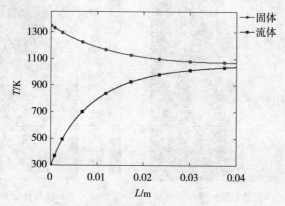

图3-15　固体和流体沿轴线方向温度分布图

3.3.3.2　槽式太阳能集热器的模拟

3.3.3.2.1　物理模型

槽式太阳能集热器的主要部件包括：大面积槽形抛物面聚光镜、跟踪装置、吸收器、热载体、蓄热系统。槽式太阳能集热器的工作原理主要是借助槽形抛物面聚光器将太阳光聚焦并反射到接收器吸热管上，加热吸热管内传热介质，从而实现太阳能的利用。故本节主要对槽式太阳能集热器的吸收器进行讨论。

吸收器一般采用双层管结构，被置于抛物面聚光器焦线上，吸收器主要由外层玻璃罩及内层吸热管组成，吸热管上部受到未经聚集的阳光照射，下部受到经聚光镜聚集后的阳光照射。吸热管外表面覆盖了选择性吸收涂层，以增强对太阳光谱的吸收率。吸热管的外层覆盖有玻璃罩，玻璃罩上的选择性涂层可增加太阳光谱透射率并限制红外光谱透射率，从而最大限度地减少热量损失。吸热管和玻璃罩之间为真空区域，以减少对流热损失，并提高太阳辐射透过率。槽式太阳能集热器的结构图如图3-16所示。

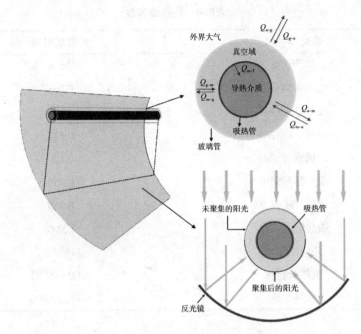

图3-16　槽式太阳能集热器的结构图

由于反射镜对阳光的汇集，吸热管上的热流呈非均匀分布，当太阳辐照度为902.5 W/m²时，吸热管的热流分布如图3-17所示：

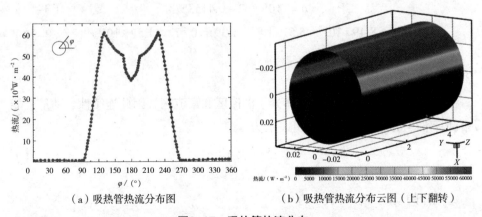

（a）吸热管热流分布图　　　　　（b）吸热管热流分布云图（上下翻转）

图3-17　吸热管热流分布

本节采用与美国桑迪亚国家实验室相同的条件进行模拟，集热器几何参数详见表3-4。

表3-4　集热器参数

集热器参数	数值或材料
集热器长度/m	7.800
吸热管内径/m	0.066
吸热管外径/m	0.070
玻璃管内径/m	0.115
玻璃管外径/m	0.120
反光镜反射率	0.950
玻璃管吸收率	0.950
吸热管吸收率	0.900
几何浓缩比	45.000
吸热管材料	A335不锈钢
导热介质	Syltherm 800

其中，Syltherm 800的物性是随温度变化的函数，可表示为

$$C_p = 1107.798 + 1.7087T \tag{3-17}$$

$$\lambda = 0.19 - 1.8753 \times 10^{-4}T - 5.7535 \times 10^{-10}T^2 \tag{3-18}$$

$$\rho = 1105.702 - 0.41535T \tag{3-19}$$

$$\mu = 8.49 \times 10^{-2} - 5.51 \times 10^{-4} + 1.39 \times 10^{-6}T^2 - 1.57 \times 10^{-9}T^3 \tag{3-20}$$

3.3.3.2.2　数学模型

在本书的模拟条件下，流体处于湍流区和紊流区，因此连续性、动量、能量和标准k-ε双方程湍流模型可表示为

$$\frac{\partial}{\partial x_i}(\rho u_i) = 0 \tag{3-21}$$

流体的动量方程可表示为

$$\frac{\partial}{\partial x_i}(\rho u_i u_j) = -\frac{\partial p}{\partial x_i} + \frac{\partial}{\partial x_j}\left[(\mu_t + \mu)\left(\frac{\partial u_i}{\partial x_j} + \frac{\partial u_j}{\partial x_i}\right) - \frac{2}{3}(\mu_t + \mu)\frac{\partial u_l}{\partial x_1}\delta_{ij}\right] + \rho g_i$$

$$\tag{3-22}$$

流体的能量方程可表示为

$$\frac{\partial}{\partial x_i}\rho u_i T = \frac{\partial}{\partial x_i}\left[\left(\frac{\mu}{Pr}+\frac{\mu_t}{\sigma_T}\right)\frac{\partial T}{\partial x_i}\right]+S_R \tag{3-23}$$

k 的控制方程为

$$\frac{\partial}{\partial x_i}\rho u_i k = \frac{\partial}{\partial x_i}\left[\left(\mu+\frac{\mu_t}{\sigma_k}\right)\frac{\partial k}{\partial x_i}\right]+G_k-\rho\varepsilon \tag{3-24}$$

ε 的控制方程为

$$\frac{\partial}{\partial x_i}\rho u_i \varepsilon = \frac{\partial}{\partial x_i}\left[\left(\mu+\frac{\mu_t}{\sigma_\varepsilon}\right)\frac{\partial k}{\partial x_i}\right]+\frac{\varepsilon}{k}(c_1 G_k-c_2\rho\varepsilon) \tag{3-25}$$

湍流黏度 μ_t 的控制方程为

$$\mu_t = C_\mu \rho \frac{k^2}{\varepsilon} \tag{3-26}$$

k 的生成速率 G_k 的控制方程为

$$G_k = \mu_t \frac{\partial u_i}{\partial x_j}\left(\frac{\partial u_i}{\partial x_j}+\frac{\partial u_j}{\partial x_i}\right) \tag{3-27}$$

上述公式中标准常数如下：

C_μ =0.09，c_1 =1.44，c_2 =1.92，σ_k =1.0，σ_ε =1.3，σ_T =0.85

吸热管内的换热为一维换热过程，真空集热管处于稳定状态，且吸热管的长度远大于其外径，因此可将吸热管内部的热传导看成常物性、无内热源的单层圆筒壁的热传导，吸热管内壁向吸热管外壁的导热量 $q_{\text{abi, abo, cd}}$ 可通过式（3-28）进行计算：

$$q_{\text{abi,abo,cd}} = \frac{2\pi k_{\text{ab}}\left(T_{\text{abi}}-T_{\text{abo}}\right)}{\ln\dfrac{D_{\text{abo}}}{D_{\text{abi}}}} \tag{3-28}$$

吸热管到工质的对流换热 $Q_{\text{ab,fluid}}$ 为

$$Q_{\text{ab,fluid}} = h_1 D_{\text{abi}}\pi\Delta T_{\text{fluid,ab}} \tag{3-29}$$

$$h_1 = Nu_{D_{abo}} \frac{k_{fluid}}{D_{abo}} \quad\quad (3-30)$$

$$Nu_{D_{abi}} = \frac{\left(\dfrac{f_{abi}}{8}\right)\left(Re_{fluid} - 1000\right)Pr_{fluid}}{1 + 12.7\sqrt{\dfrac{f_{abi}}{8}}\left(Pr^{\frac{2}{3}} - 1\right)}\left(\frac{Pr_{fluid}}{Pr_{abi}}\right)^{0.11} \quad\quad (3-31)$$

$$f_{abi} = \left[1.82\log_{10}\left(Re_{D_{abi}}\right) - 1.62\right]^{-2} \quad\quad (3-32)$$

式中：K_{ab} 为导热流体换热系数；h_1 为对流换热系数；D_{abi} 为吸热管内径；$\Delta T_{fluid,ab}$ 为流体与吸热管的温差；$Nu_{D_{abi}}$ 为努塞尔数；f_{abi} 为吸热管内表面的摩擦系数；Re_{fluid} 为工质的雷诺数；Pr_{fluid} 为基于工质温度的普朗特数；Pr_{abi} 为基于吸热管内壁面温度的普朗特数。

通过吸热管的热量 $Q_{abi,abo}$ 为

$$Q_{abi,abo} = \frac{2\pi k_{abi,abo}\Delta T_{abi,abo}}{\ln \dfrac{D_{abo}}{D_{abi}}} \qu\quad (3-33)$$

在进行计算前，做出以下假设：

（1）跟踪装置性能极强，可消除光学误差。

（2）内部吸热管与外玻璃罩间真空度很高，可以消除对流换热影响。

（3）忽略限流装置等部件对吸热管内流动和传热的影响。

CFD分析的边界条件定义为

入口边界：入口处的流体匀速流动。

$u_x = u_{inlet}$，$u_y = u_z = 0$ m/s，$T_f = T_{in} = 300$ K（$L=0$，$0 \leqslant R \leqslant R_i$，$0° \leqslant \varphi \leqslant 360°$）。

壁面边界：吸热管内表面为无滑移壁面。

$v_x = v_y = v_z = 0$ m/s，（$R = R_i$，$0° \leqslant \varphi \leqslant 360°$，$L = 7.8$ m）。

出口边界：湍流充分发展。

吸热管上部：热流边界。

当太阳辐照度为1000 W/m² 时，玻璃罩的透过率为0.95，吸收管的吸收率为0.95。

$$q_t = 1000 \times 0.95 \times 0.95 = 902.5 \ \text{W} / \text{m}^2$$
$$R=R_0, \ 0° \leqslant \varphi \leqslant 180°, \ 0° \leqslant L \leqslant 7.8 \tag{3-34}$$

吸热管下部：热流边界（通过UDF加载）。

3.3.3.2.3 数值模型

槽式太阳能集热器的网格划分如图3-18所示，流体域采用O形网格，并划分边界层，同时对吸热管管壁及流体域进行边界层网格划分。

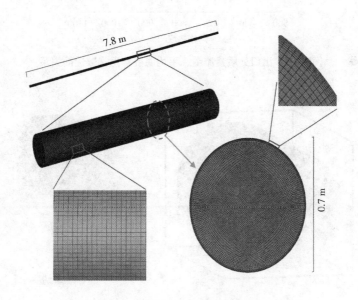

图3-18 吸热管网格划分

对集热器网格进行无关性验证，网格无关性验证如图3-19所示。分别采用497.8万，601.2万，698.7万，812.5万，900.1万，1007万，1101万个网格进行验证。当网格数量达到1007万个时，模拟结果与网格关联性较小，故确定网格数量为1007万个。

3.3.3.2.4 模拟结果

吸热管外表面和出口处温度如图3-20所示，吸热管外表面温度沿X轴方向逐渐升高，由于吸热管下半部分处于太阳辐射集中的一侧，故其温度高于吸热管上半部分，这一点同时体现在吸热管出口处流体温度上。

图3-21为$\varphi=0°$，$\varphi=90°$和$\varphi=180°$时沿X轴方向温度分布：$\varphi=0°$时处于太阳辐射不集中的一侧，故温度最低；$\varphi=180°$时处于太阳辐射集中的一侧，故温度最高。

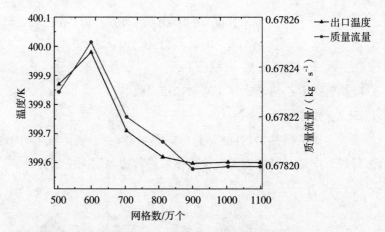

图3-19 出口处质量流量、平均温度与网格数量间关系

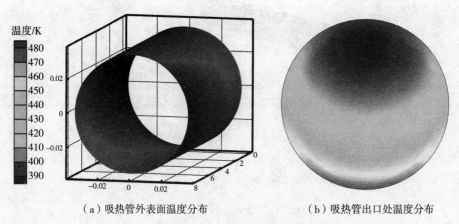

（a）吸热管外表面温度分布　　　　　　　　（b）吸热管出口处温度分布

图3-20 吸热管温度分布

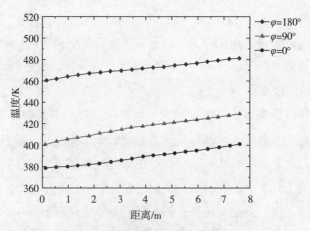

图3-21 吸热管轴向温度分布图

图3-22为$x=0$ m，$x=4$ m和$x=7.8$ m处的方向角温度分布，温度随着x的增大而增加，且温度分布与热流在该表面的分布十分接近。

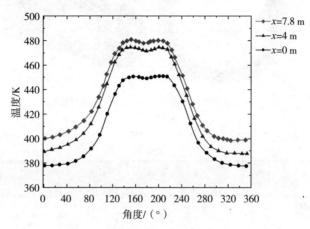

图3-22　吸热管角方向温度分布

3.3.3.2.5　槽式集热器的结构优化

改变集热器的结构，如在吸热管中插入折流板等能增加吸热管内流体的湍流强度，从而改进其换热性能，但同时会增加流体流经吸热管时的阻力。若想评价改进后集热器对传热的强化，则需要引入强化传热评价标准（*PEC*）。

$$PEC = \frac{Nu \,/\, Nu_0}{(f \,/\, f_0)^{1/3}} \qquad (3\text{-}35)$$

式中：Nu为光滑直管的努塞尔数；Nu_0为改进后结构的努塞尔数；f为光滑直管的阻力系数；f_0为改进后结构的阻力系数。

光滑直管的*PEC*为1。当*PEC*大于1时，说明改进后的结构强化在等泵功下传热得到强化。若*PEC*小于1，且$Nu \,/\, Nu_0$大于1，表示传热虽得到强化但并不节能，即多消耗的泵功大于传热量的增加。

本节在吸热管内添加了$h=0.5D$的半圆形折流板，其结构如图3-23所示。

在吸热管中添加折流板可以促进吸热管内流体的混合，在吸热管中创造更多的湍流条件。本节模拟了$d/L=0.1$，0.2，0.25三种情况下集热器的换热表现，并对其换热表现做出评价。

图3-24展示了添加不同间距折流板的集热器努塞尔数随雷诺数变化的趋势，吸热管内对流换热强度随雷诺数的增加而增加，添加折流板带来的收益逐渐降低。

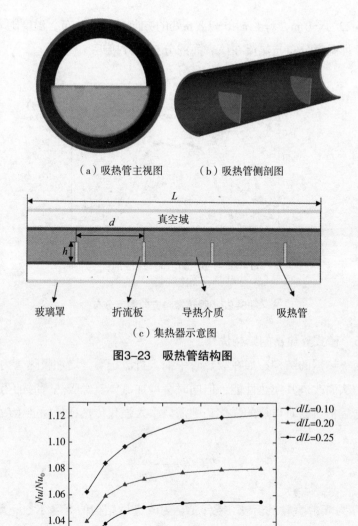

（a）吸热管主视图　　　（b）吸热管侧剖图

（c）集热器示意图

图3-23　吸热管结构图

图3-24　不同间距折流板下努塞尔数对比

图3-25展示了添加不同间距折流板的集热器阻力系数随雷诺数变化的趋势。

在折流板间距d/L=0.1，0.2，0.25三种情况下，集热器的PEC如图3-26所示。当雷诺数小于7000时，添加不同间距折流板的集热器PEC逐渐增长；而当雷诺数大于7000时，由于努塞尔数的增长趋势放缓，而添加了折流板的集热器阻力系数增长迅速，PEC快速下降。

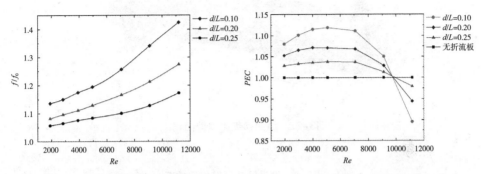

图3-25　不同间距折流板下阻力系数对比　　图3-26　不同间距折流板的换热评价

通过对碟式集热器和槽式集热器的模拟可以发现，两种集热器均能够将导热介质加热到相对较高的温度，加热后的导热介质可应用于原油的加热。原油换热器是太阳能原油加热系统中的重要部件，可加快导热介质与原油间的温度交换。

3.3.4　原油换热器的CFD模拟

3.3.4.1　物理模型

由于从太阳能吸热器中出来的气体温度过高，在1000 ℃以上，因此本书采用了碳化硅材质的原油换热器，该材质的换热器可承受的温度和高温气体的温度相当，可满足原油加热要求。原油换热器模型为管壳式结构，该类型的换热器虽然在换热效率和材料的消耗量等方面不如其他新型的高效换热器，但是它具有结构坚固、弹性大、可靠程度高等优点，在实际工程中较为常见。原油在换热器内流动黏度较大，且原油中所含物质具有一定的腐蚀性，考虑到换热器清洗、维护、维修、装拆方便等情况，将换热器模型选为传统的管壳式结构。壳内设置了4个折流板，均匀放置，换热管排列方式为正方形排列，管程采取单程设置。为了控制网格数量，减少计算时间，将换热器模型简化，如图3-27所示，利用该模型的一半进行计算，参照参考文献[47]中换热器模型，主要结构尺寸参数详见表3-5。

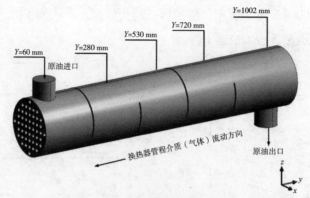

图3-27　原油换热器模型简化图

表3-5　原油换热器结构尺寸表

类别	尺寸
换热器总长度/mm	1340
壳体直径/mm	206
壳程进出口外接管直径/mm	80
管程进出口外接管直径/mm	50
模型折流板数量/个	4
模型折流板高度/mm	147
换热管数量/个	49
换热管外径/mm	16
换热管壁厚度/mm	1

3.3.4.2　数学模型

进行换热器模拟时，假设：

（1）流体流动状态为湍流，且沿来流方向流动，流体热量传递以对流换热为主。

（2）不计热损失对热力过程的影响，且不考虑换热管的污垢热阻。

（3）折流板与壳壁以及换热管之间是紧密连接的。

由于换热器中折流板的存在，流场会出现剧烈转折，易产生漩涡，而RNG k-ε模型在漩涡方面提高了计算的精度，故本模拟除了遵循流动与传热的三大定律外还采用RNG k-ε湍流模型。

流体流动的质量方程为

$$\frac{\partial \rho}{\partial t} + \nabla \cdot \left(\rho \vec{u} \right) = 0 \tag{3-36}$$

式中：ρ为流体密度，kg/m^3；u为流体表观速度，m/s；t为时间，s。

动量方程为

$$\frac{\partial \left(\rho u_i \right)}{\partial t} + \nabla \cdot \left(\rho \vec{u} u_i \right) = \frac{\partial \tau_{ji}}{\partial x_j} + f_i \tag{3-37}$$

式中：τ_{ji}为流体所受到的表面力在i方向的分力，N/m^2；f_i为作用于单位体积在i方向的体积力，N/m^2。

能量方程为：

$$\frac{\partial \rho h}{\partial t} + \nabla \cdot \left(\rho \vec{u} h \right) = \nabla \cdot \left(\lambda \nabla T \right) - p \nabla \cdot \vec{u} + \Phi + S_{\text{h}} \tag{3-38}$$

式中：λ为流体热导率，W/（m·K）；$p\nabla \cdot \vec{u}$为表面力对流体控制体系所做的功；Φ为耗散函数；S_{h}为源项。

湍流方程为RNG k-ε模型形式上类似于standard k-ε模型：

$$\frac{\partial}{\partial t} \left(\rho k \right) + \frac{\partial}{\partial x_i} \left(\rho k u_i \right) = \frac{\partial}{\partial x_j} \left(a_k \mu_{\text{eff}} \frac{\partial k}{\partial x_j} \right) + G_k + G_{\text{b}} - \rho \varepsilon - Y_{\text{M}} + S_k \tag{3-39}$$

$$\frac{\partial}{\partial x_j} \left(a_\varepsilon \mu_{\text{eff}} \frac{\partial \varepsilon}{\partial x_j} \right) + C_{1\varepsilon} \frac{\varepsilon}{k} \left(G_k + C_{3\varepsilon} G_{\text{b}} \right) C_{2\varepsilon} \sigma \frac{\varepsilon^2}{k} - R_\varepsilon + S_\varepsilon = \frac{\partial}{\partial t} \left(\rho \varepsilon \right) + \frac{\partial}{\partial x_i} \left(\rho \varepsilon u_i \right) \tag{3-40}$$

式中：$C_{1\varepsilon}$=1.42，$C_{2\varepsilon}$=1.68；G_k为平均速度梯度引起的湍动能，m^2/s^2；G_{b}为由浮力产生的湍动能，m^2/s^2；a_k和a_ε为k和ε有效普朗特数的倒数；S_k和S_ε为用户定义的源项。

3.3.4.3　数值模型

（1）材料特性。

换热器采用单程逆流的换热方式。管程流体为空气，其性质与3.3.3.3所述相同，壳程流体为原油，参照参考文献[48]对其进行设置，如表3-6所列。

表3-6 原油物性参数

比热容C_p/（J·kg^{-1}·K^{-1}）	导热系数λ/（W·m^{-1}·K^{-1}）
2340	0.13

温度对原油的密度和黏度影响较大，关系式如下：

$$\rho = -0.6896T + 877.19 \tag{3-41}$$

$$\mu = \frac{2.918\mathrm{e}^{\frac{72.5406}{T+20.0402}}}{1000} \tag{3-42}$$

模拟时，利用用户自定义程序（UDF）来定义原油的密度和黏度，而管板、壳体、换热器等固体材料则选用碳化硅材料。

（2）边界条件。

由于换热器的进口速度是从上一工段的吸热器继承而来，同时，考虑到壳程流体不可压缩，因此选择速度入口作为边界条件，换热器出口采用压力出口，其他边界条件为wall。

（3）实现方法。

利用ANSYS WORKBENCH 19.0自带的Meshing工具进行计算域的网格划分，在管壁和壳壁之间进行网格的细化。管程流体的近壁区域采用膨胀方法（inflation）加密网格，为了得到网格无关性的解，设计了6组网格数据对模型进行相应的验证，如图3-28所示。综合考虑计算精度和计算时间后，择优选择网格数量为16674538的网格，网格如图3-29所示。对于弓形折流板换热器，壳程流体雷诺数大于100就处于湍流状态，而本节模拟的研究都在湍流状态下，所以需要考虑采取合适的湍流模型进行计算，经分析考虑，采用RNG k-ε湍流模型。湍流的参数可以通过多种方式来设置，由于换热器的入口直径已知，所以采用湍流强度和水力直径的设置方式。对原油换热器进行稳态数值模拟，控制方程的离散采用二阶迎风格式，速度与压力的耦合选择SIMPLE算法。

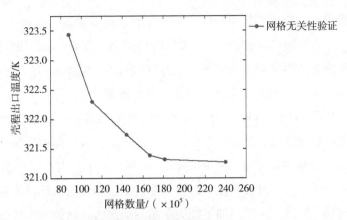

图3-28   换热器网格无关性验证

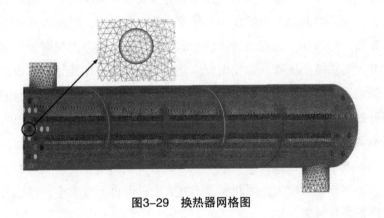

图3-29   换热器网格图

3.3.4.4   结果分析

从多孔介质吸热器出来的气体温度达到1010 K，出口速度达到1.274 m/s，但是在实际情况下，采用碟式聚光技术的吸热器，聚光比一般为500，西方国家已经研制出聚光比为1200的聚光器。因此，在本节中假设从多孔介质吸热器出来的气体温度已达到1300 K，将此条件作为换热器模拟的初始条件。由于吸热器和换热管的直径不同，利用连续性方程计算得到每根换热管的入口速度为65 m/s。在正常情况下，气体在换热器中走管程时流速为5～30 m/s，速度过大会对换热管内壁的造成冲蚀，还会引起换热器的震动问题，而且考虑到气体的量太小，所提供的热量满足不了换热要求，故在进行换热器模拟时，气体进口速度取25 m/s。原油在低温输送时需要保持一定的流速，流速太小，达不到输送要求，流速太大，又会对管壁造成冲击，损坏管壁及其他部件。因此，较大或较小的流速都是不行的，不利于原油低温输送，参照参考文献[51]中的数据，结合原油换热器的结构，取原油进口速度为0.2 m/s。通过模拟，换热器中壳程原油的温度最高为310 ℃，而原油的燃点温度为375 ℃左右，焦化温度在490～500 ℃，因此不会出现燃烧和结焦现象。

从图3-30中可以看出，气体随管程流动过程中，由于存在阻力作用，流速沿着管程逐渐降低。由于原油的黏度较大，与气体速度相比流速较小，因此原油在壳程内速度变化并不明显。在图3-31中，由于弓形折流板的阻挡，原油在壳程中流动时会存在一部分与主流方向相反的流动，出现返混现象，即产生流动"死区"，使原油不能完全参与换热，从而影响换热器的换热效果。同时，由于折流板的阻挡作用，速度会有一个加速增大的过程，但速度最终趋于不断减小，在出口处，由于重力的作用，速度也在不断增大。壳程原油的流速为0.2 m/s，随着原油流速的增大，传热膜系数也在增大，进而可提高换热器的总传热系数，但增加流速将增加换热器的压降，使换热器出现腐蚀、震动等问题。因此，为了减小压降、避免出现流动死区，应该根据换热器结构选择合适的原油流动速度，或在折流板上开设通液口，从而进一步改善换热器的流动特性，提升换热效果。对于气体，流速越大，对流换热系数也越大，越能减小污垢在管表面积沉积的可能性，即降低垢层的热阻，提高传热系数的值，并使所需的热面积减小，设备投资浪费减小。但随着流速的增加，介质阻力、动力消耗亦增大，操作费用增大，因此流速不宜太大；但也不宜太小，过小易增厚滞流层，降低换热效果。

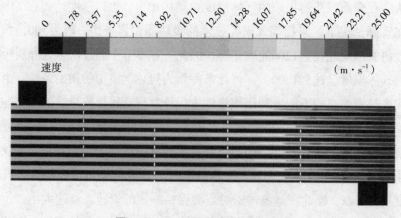

图3-30　X=0剖面气体速度分布图

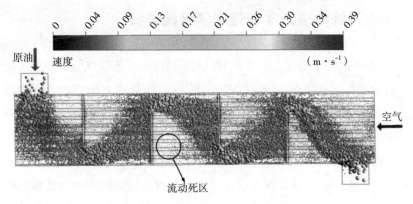

图3-31　壳程（原油）速度矢量图

从图3-32可以看出，高温气体经过换热器将热量传递给原油，由于管程中气体导热系数较低，所以壳程的原油温升并不明显，在壳程进口端温度变化较小，传热不均匀。对于管程流体（气体），温度梯度较大的区域为进口端，此区域的换热较强烈，因此原油在离管程进口较近的区域（壳程出口）温度变化较大，而管程出口附近（壳程进口）原油的温度变化并不明显。这也是与速度分布相对应的，管程进口处速度大，换热效率好，温度高；管程出口处速度小，换热效率差，温度低。最终，原油在壳程内的温度维持在41 ℃左右，管程出口气体温度降到190 ℃左右，中温气体还带有一定的热量，可再次进入干燥系统中进行干燥作业。壳程原油温度从20 ℃最高提升到59 ℃，出口温度维持在48 ℃左右，原油温度提升28 ℃，达到了一定的加热目的。

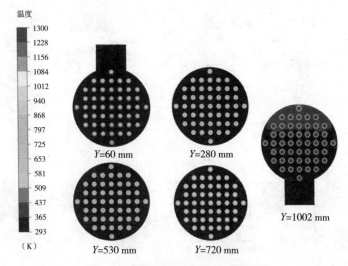

图3-32　原油换热器Y截面的温度场

3.4 改进系统的热力学和经济学性能分析

在3.3节中，已经通过有限体积软件Fluent对太阳能加热原油系统关键部件进行了数值模拟分析，通过分析可知，3.3节所建立的太阳能加热原油系统能够达到一定的加热目的。为了将3.3节所建立的原理模型应用在实际的原油加热过程中，深入研究原油加热系统的适用性，本节将对系统进行改进，将光热发电技术整合到原油加热系统中，设计一个带有三级预热装置的太阳能加热原油热电联产系统，并将其应用在炼油厂中，研究系统的热力学和经济学性能。

3.4.1 系统概述

炼油厂中的太阳能加热原油系统依靠传统的燃油加热器来加热原油，结合可再生的太阳能，达到了低碳的加热方式，但是为了突出太阳能的优越性，该系统只考虑了太阳能，不考虑其他形式的能源。系统运行的一些数据取自参考文献[41]，建立的系统如图3-33所示。该系统采用碟式太阳能集热器，系统中的太阳能一部分用于原油加热，另一部分用于发电。热能储存（TES）罐可从太阳能集热器中获得能量，在太阳落山或阴雨等情况使用，确保该系统不间断供热。

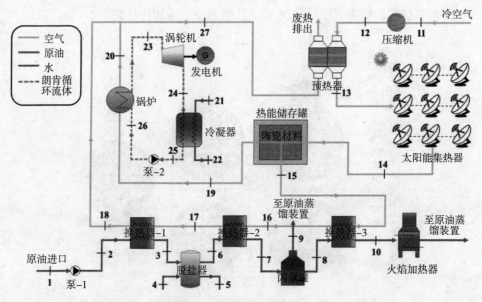

图3-33 炼油厂中太阳能加热原油系统工艺流程图

　　该系统仍旧选择空气作为传热流体，空气最高温度可达1000 ℃，压力一般在10 MPa左右，具有方便取材、可蓄热、热效率较高等优点。传热流体的出口温度（流体离开集热器的温度）取决于集热器的大小和数量，本系统假设太阳能的辐射量为900 W/m²。由于压降对系统各参数的影响较小，故可忽略不计。TES罐由蜂窝状的陶瓷材料组成，其结构参数如表3-7所示。该类型的蓄热体可以耐受高温且热惯性低，被广泛用于高温空气的蓄热材料。在蜂窝陶瓷蓄热体中，热空气在蓄热期流过蓄热体将热量储存起来，蓄热体温度升高，放热时冷空气流过同一通道，并吸收之前储存的热量，蓄热体温度随之降低。本系统的储能设计与Islam等提出的类似，依靠构成传热面的固体材料的蓄热作用（吸热或放热），可以实现冷、热流体之间的热量交换。蓄热体的热量来自太阳能场的热空气，在没有光照的情况下，利用蓄热体加热原油，并通过朗肯循环发电。该系统在白天直接由太阳能提供热能，而在夜间则通过储存在蓄热体中的热能间接供热。

表3-7　TES罐的结构参数

TES罐参数	数值
孔径/mm	2.9
壁厚/mm	0.8
孔隙率	0.61
密度/（kg·m⁻³）	958
比热容/（J·kg⁻¹·k⁻¹）	1000
直径/m	1.5
高/m	4

　　陶瓷蓄热体材料可以在1000 ℃以上的温度中工作，与碟式太阳能集热器的工作温度一致，因此采用这种材料是正确的选择。本系统的平均日照时间为每天10小时，这段时间也是蓄热体的蓄热期。太阳落山后，利用蓄热体进行加热，直到蓄热体到达蓄热（释热）的初始温度，释热的时间为8小时，在释热之前进行一小时的热量储存。

　　TES罐的能量效率，即从热能存储中回收的能量与最初提供的能量之比，通常可用于测量TES罐的性能。但是仅仅通过能量分析，以及对各种应用的

TES装置的配置、几何形状、运行和设计参数进行大量的数值和试验研究，无法真正评估TES罐的性能，因为没有考虑到TES罐评估中所有必要的因素，无法评估系统性能接近理想存储性能的程度，罐内发生的热力学损失通常也无法通过能量分析准确识别和评估。㶲分析则可以克服能量分析的许多缺点，基于热力学第二定律，㶲分析在确定过程低效的原因、位置和程度方面非常有用。可以预测，在不久的将来，㶲分析将是TES罐性能评估的主要部分。对储能系统进行合理的能量分析和㶲分析，可以实现对储能系统性能的评价，为优化系统的应用提供参考。

原油加热系统包括传统的燃油加热器和碟式太阳能加热系统。利用碟式太阳能系统将原油从1点的25℃加热到10点的320℃，也是本系统考虑的主要能量输入，随后使用常规加热器继续将原油加热到380℃。原油加热系统包括三个管壳式换热器，以便于将空气的热量传递给原油。太阳能将原油加热到320℃，有效减少了传统燃烧式换热器的负荷。此外，原油中含有对下游设备有害的盐，必须清除。因此，考虑了脱盐阶段，脱盐器位于第一和第二热交换器之间。含盐原油从3点进入，在6点退出，温度分别为120℃和110℃。脱盐后的原油离开第二个换热器后，在7点进入闪蒸罐，脱除原油中易挥发的轻烃组分。原油在闪蒸罐中分离为预闪蒸原油气体和预闪蒸原油液体。第8点的预闪蒸原油液体进入第三个换热器中进一步加热，随后利用传统的加热器加热。

3.4.2　系统的仿真流程模拟

根据3.2.3.3的系统建模方法和3.4.1中设计的工艺流程图，在Aspen Plus软件中建立相同的仿真图，如图3-34所示，各部件采用的模块及输入的参数如表3-8所示。

通过3.2.3.1可知，在Aspen Plus软件中提供了很多物性方法，但是适用于原油蒸馏的物性方法主要有BK10、Grayson、Chao-Sea等K值模型以及RK-Soave和Peng-Rob等针对石油而调整的状态方程。由于BK10物性方法适用于减压和低压（最多几个大气压）的情况，而RK-Sóave和Peng-Rob状态方程更加适用于高压状态，所以在模拟时选取其内置的BK10物性方法。管壳式换热器的最小传热温差描述为离开和进入换热器的工作流体温度的差值，随着最小值的减小，换热器的传热表面以及换热器的尺寸将呈指数增长，这可能导致不必要的过度设计，因此，该参数需要根据相关规定选取，本系统换热器的最小换热温差取15℃。等熵效率是一个重要的设计参数，可在70%～90%中考虑，因此泵、压缩机和涡轮的等熵效率均取85%，其他模拟条件如表3-9所示。在模拟过程中，假设：

（1）空气视为理想气体。

（2）管道中的压力损失忽略不计。

（3）热损失仅发生在太阳能集热器上。

（4）按静态模拟，不考虑时间对工况的影响。

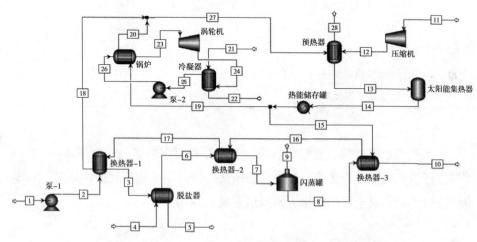

图3-34　炼油厂中太阳能加热原油系统的Aspen Plus仿真图

表3-8　系统各部件在Aspen Plus中的模块及输入参数

设备	模块	输入参数
压缩机	Compr	离心式压缩机出口压力及效率
预热器	HeatX	热流股出口温度
太阳能集热器	Flash2	温度及压力
蓄热器	Heater	温度及压力
泵	Pump	出口压力及效率
换热器	HeatX	冷流股出口温度
脱盐器	HeatX	热流股出口温度
闪蒸罐	Flash2	温度及气相分率
冷凝器	HeatX	热流股出口温度
锅炉	HeatX	冷流股出口温度
汽轮机	Compr	出口压力及效率
分流器	Fsplit	分流系数

表3-9　系统模拟条件

参数	数值
环境温度/℃	25.0
环境压力/kPa	101.3
换热器最下传热温差/℃	15.0
等熵效率/%	85.0
原油流量/（kg·s⁻¹）	14.0
空气流量/（kg·s⁻¹）	40.0
空气初始温度/℃	25.0
原油初始温度/℃	25.0
原油最终温度/℃	320.0

　　将系统模拟条件输入软件中，待所有参数都设定完毕后，利用Aspen Plus软件进行仿真模拟。若仿真过程中设备模块报错，则必须找到错误原因，一步步纠错后才能完成全局的模拟，模拟结果见表3-10。

表3-10　系统每个状态点数据

状态点	组分	流量/（kg·s⁻¹）	温度/℃	压力/kPa	焓/（kJ·kg⁻¹）	熵/（kJ·kg·K⁻¹）	㶲/（kJ·kg⁻¹）
1	原油	14.00	25.00	100.00	−1990.8600	−6.8300	46.11
2	原油	14.00	25.67	150.00	−1990.7700	−6.8300	46.41
3	原油	14.00	120.00	150.00	−1761.8400	−6.1900	85.09
4	水	22.00	35.00	150.00	−15824.0000	−8.9200	−13162.49
5	水	22.00	38.91	150.00	−15807.7000	−8.8700	−13161.84
6	原油	14.00	110.00	150.00	−1787.4600	−6.2500	78.47
7	原油	14.00	210.00	150.00	−1516.4300	−5.6400	167.30
8	原油	13.12	200.00	958.27	−1575.8300	−5.8400	165.98
9	原油	0.88	200.00	958.29	−1676.4000	−5.2700	−104.87
10	原油	13.12	320.00	958.29	−1221.6100	−5.1900	326.79
11	空气	40.00	25.00	100.00	−0.2219	0.0038	0
12	空气	40.00	264.67	500.00	242.6200	0.1400	202.71
13	空气	40.00	480.48	500.00	357.6100	0.3300	259.80

表3-10（续）

状态点	组分	流量/ （kg·s⁻¹）	温度/ ℃	压力/ kPa	焓/ （kJ·kg⁻¹）	熵/ （kJ·kg·K⁻¹）	㶲/ （kJ·kg⁻¹）
14	空气	40.00	1000.00	500.00	1061.6900	1.0900	738.57
15	空气	20.00	950.00	500.00	771.2800	0.8400	523.79
16	空气	20.00	749.24	500.00	538.8500	0.5800	366.98
17	空气	20.00	580.49	500.00	349.1300	0.3200	255.26
18	空气	20.00	433.50	500.00	188.8800	0.0300	180.25
19	空气	20.00	950.00	500.00	771.2800	0.8400	523.79
20	空气	20.00	780.19	500.00	599.6900	0.6500	406.32
21	水	65.00	15.00	100.00	−15907.6000	−9.2000	·13162.58
22	水	65.00	25.00	100.00	−15868.9000	−9.0700	−13160.33
23	水	1.00	800.00	15000.00	−12391.6000	−2.7500	−11569.38
24	水	1.00	180.37	10.00	−13333.4000	−1.1200	−12999.16
25	水	1.00	30.00	10.00	−15845.0000	−8.9900	−13163.22
26	水	1.00	31.92	15000.00	−15823.5000	−8.9700	−13147.89
27	空气	40.00	609.71	500.00	394.2800	0.3900	280.04
28	空气	40.00	400.00	500.00	279.2900	0.2000	219.73

3.4.3　热力学模型

3.4.3.1　太阳能集热器子系统模型

　　本节所设计的太阳能集热系统包括一个碟式太阳能集热器，用于将太阳光引导和集中到碟式集热器的焦点上，一个吸热器（包含HTF）位于集热器的焦点处，温度在1000 ℃以上时，辐射被吸收并转化为热能，碟式太阳能集热器在两个轴上配置有太阳跟踪系统。碟式太阳能集热器中有一个较小的孔径区域，接受来自太阳的辐射能，该区域的面积比集热器的面积要小得多，因此认为只有光束辐射是有效的，也就是说，集热器仅将光束辐射聚集在吸热器表面，其余入射辐射将散射在空气中。净太阳辐射能与集热器面积成正比，单位面积集热器的太阳直接辐射（DNI）随地理位置、碟式集热器的方位、气象条件和一天中的时间而变化。因此，假设太阳直接辐射为常数，系统稳定，碟式太阳能集热器模型如图3-35所示。

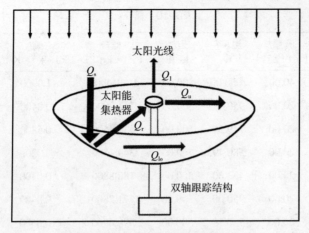

图3-35 碟式太阳能集热器模型

太阳辐射到达碟式集热器表面的功率使用式（3-43）计算：

$$Q_s = I_s A_a \qquad (3-43)$$

式中：Q_s为太阳能到达碟式集热器表面的功率，W；I_s为到达集热器表面的太阳辐射，W/m^2；A_a为集热器表面积，m^2。

系统处于稳定条件下，太阳能集热器系统输送的可用能量等于传热流体吸收的能量，该能量由落在吸热器上的辐射太阳能减去吸热器到周围环境的直接或间接热损失确定，即

$$Q_u = Q_r - Q_l \qquad (3-44)$$

式中：Q_u为到达吸热器的有用功率，W；Q_r为集热器反射到吸热器的功率，W；Q_l为吸热器中损失的功率。

太阳能吸热器的光学效率η_{opt}被定义为到达吸热器的功率Q_r与来自太阳的功率Q_s之比；太阳能吸热器的热效率η_r被定义为到达吸热器的有用功（Q_u）与到达吸热器的功率Q_r之比；集热器的热效率η_c被定义为到达吸热器的有用功Q_u与来自太阳的功率Q_s之比：

$$\eta_{opt} = \frac{Q_r}{Q_s} \qquad (3-45)$$

$$\eta_{\mathrm{r}} = \frac{Q_{\mathrm{u}}}{Q_{\mathrm{r}}} \qquad (3\text{--}46)$$

$$\eta_{\mathrm{c}} = \frac{Q_{\mathrm{u}}}{Q_{\mathrm{s}}} \qquad (3\text{--}47)$$

结合式（3-45）～式（3-47），集热器的热效率又可写为

$$
\begin{aligned}
\eta_{\mathrm{c}} &= \frac{Q_{\mathrm{u}}}{Q_{\mathrm{s}}} = \frac{Q_{\mathrm{r}}}{Q_{\mathrm{s}}} \cdot \frac{Q_{\mathrm{u}}}{Q_{\mathrm{r}}} = \eta_{\mathrm{opt}} \cdot \eta_{\mathrm{r}} = \eta_{\mathrm{opt}} \cdot \frac{Q_{\mathrm{r}} - Q_{\mathrm{l}}}{Q_{\mathrm{r}}} \\
&= \eta_{\mathrm{opt}} \left(1 - \frac{Q_{\mathrm{l}}}{Q_{\mathrm{r}}}\right) = \eta_{\mathrm{opt}} \left(1 - \frac{Q_{\mathrm{l}}}{\eta_{\mathrm{opt}} Q_{\mathrm{s}}}\right) = \eta_{\mathrm{opt}} - \frac{Q_{\mathrm{l}}}{Q_{\mathrm{s}}}
\end{aligned}
\qquad (3\text{--}48)
$$

式中：Q_{l} 为吸热器的总热损失率。

为了确定集热器的热效率，应首先确定吸热器的光学效率 η_{opt} 和总热损失率 Q_{l}。

太阳能吸热器的光学效率 η_{opt} 取决于所选材料的光学特性（如集热器的反射率和吸热器玻璃的光学特性等）、吸热器的几何结构以及结构产生的各种缺陷等，可以通过识别不同的损失机制进行分析，这里不作过多阐述。因此，可使用以下方程式进行近似光学效率分析：

$$\eta_{\mathrm{c}} = \rho \tau \alpha \gamma \left[\left(1 - A_{\mathrm{f}} \tan\theta\right) \cos\theta \right] \qquad (3\text{--}49)$$

由于太阳能集热器装有太阳跟踪系统，碟式集热器在有太阳辐射时一直沿着两个轴跟踪太阳，因此太阳入射角 θ 为零（$\tan\theta=0$，$\cos\theta=1$），式（3-49）可以写成：

$$\eta_{\mathrm{c}} = \rho \tau \alpha \gamma \qquad (3\text{--}50)$$

式中：ρ 为反射镜的反射率；$\tau\alpha$ 为玻璃罩的透射率与吸收率乘积；γ 为截距因子。

吸热器中的功率损失主要由三部分组成：①吸热器的热传导损失——Q_{lk}；②通过吸热器孔径的对流换热损失——Q_{lc}；③通过吸热器孔径的辐射热损失——Q_{lr}。吸热器总的热损失可用式（3-51）表示：

$$Q_{\mathrm{l}} = Q_{\mathrm{lk}} + Q_{\mathrm{lc}} + Q_{\mathrm{lr}} \qquad (3\text{--}51)$$

在本书中，忽略了风的影响，且在吸热器开口处安装了一个透明窗口，以阻挡空气中的灰尘，这可在一定程度上防止强制对流，因此自然对流为主要损失，此时对流换热损失 Q_{lc} 的功率为

$$Nu_1 = 0.1Gr_1^{1/3}\left(T_w / T_a\right)^{0.18}\left(4.256A_c / A_w\right)^s h(\varphi) \qquad (3\text{-}52)$$

$$Gr_1 = g\beta\left(T_w - T_a\right)L^3 / \vartheta^2 \qquad (3\text{-}53)$$

$$s = 0.56 - 1.01\left(A_c / A_w\right)^{1/2} \qquad (3\text{-}54)$$

$$h(\varphi) = 1.1677 - 1.0762\sin\varphi^{0.8324} \qquad (3\text{-}55)$$

式中：Nu 为努塞尔数；Gr 为格拉晓夫数；T_w 为吸热器的温度，℃；T_a 为环境温度，℃；A_c 为吸热器孔径表面积，m^2；A_w 为吸热器腔体内部面积，m^2；$h(\varphi)$ 为吸热器与环境之间的对流换热系数，W/（$m^2\cdot K$）；φ 为空腔内倾角（弧度）。

值得注意的是，吸热器的特征长度是空腔的直径。

对流换热系数可表示为

$$h_c = Nu_1 k / L \qquad (3\text{-}56)$$

吸热器的对流换热损失如式（3-57）所示：

$$Q_{lc} = h_c A_w \left(T_w - T_a\right) \qquad (3\text{-}57)$$

由于吸热器入口孔径面积与内腔面积相比较小，因此其辐射损失也较小。入口孔径面积与几何聚光比有关，几何聚光比定义为碟形集热器孔径面积与吸热器入口孔径面积之比。可用式（3-58）来评估吸热器通过辐射传热损失（Q_{lr}）的功率：

$$Q_{lr} = A_c \varepsilon_{eff} \sigma\left(T_w^{\ 4} - T_a^{\ 4}\right) \qquad (3\text{-}58)$$

$$A_c = A_a / C \qquad (3\text{-}59)$$

$$\varepsilon_{eff} = 1 / \left[1 + \left(1 / \varepsilon_c - 1\right)A_c / A_w\right] \qquad (3\text{-}60)$$

式中：A_c 为吸热器孔径表面积，m^2；ε_{eff} 为腔体有效红外发射率；σ 为辐射常

数；C为几何聚光比；ε_c为空腔表面发射率。

在实际操作中，通常会在吸热器的外表面覆盖一层厚厚的不透明绝缘层，以减少导热损失。研究结果表明，与对流和辐射损失相比，导热损失通常是微不足道的。因此，假设吸热器的外壁是绝热的，则吸热器的导热损失$Q_{lk}=0$。

3.4.3.2　系统㶲分析模型

3.4.3.1中已经对太阳能集热器子系统进行了相关模型的建立，对于系统其他部件，将采用㶲分析的方法进行详细分析。㶲分析考虑了有效能量和热力学不可逆性等因素，可以找出系统中主要的㶲损失过程。各部分数学模型如下：

根据质量守恒原理，稳态运行条件下的质量平衡方程可表示为

$$\sum m_{in} = \sum m_{out} \qquad (3\text{-}61)$$

式中：m为每秒的质量流量。

类似地，能量平衡方程可写为

$$Q - W = \sum m_{out} h_{out} - \sum m_{in} h_{in} \qquad (3\text{-}62)$$

式中：Q为热传递速率，kW；W为功产生速率，kW；h为所述点的比焓，kJ/kg。

㶲平衡方程可表示为

$$\sum Ex_{in} = \sum Ex_{out} + Ex_d \qquad (3\text{-}63)$$

$$\sum m_{in} ex_{in} + Ex_Q = \sum m_{out} ex_{out} + Ex_W + Ex_d \qquad (3\text{-}64)$$

式中：Ex为㶲率；Ex_Q和Ex_W为与传热和功相关的㶲率，kW；Ex_d为㶲破坏率，kW；ex为比流量㶲，kJ/kg。

与传热率相关的㶲可表示为

$$Ex_Q = \left(1 - \frac{T_a}{T_s}\right) Q \qquad (3\text{-}65)$$

式中：T_a为环境温度，K；T_s为源温度，K；Q为传热速率，kW。

此外，与功相互作用相关的㶲可以表示为

$$Ex_W = W \qquad (3\text{-}66)$$

可用式（3-67）计算每个状态点的物理㶲：

$$ex_i = h_i - h_0 - T_a (s_i - s_0) \tag{3-67}$$

式中：ex 为比流量㶲，kJ/kg；h 为比焓，kJ/kg；s 为比熵，kJ/（kg·K）。

对于一个确定的能源系统，性能评估的主要步骤包括确定㶲破坏率。系统的㶲破坏率可表示为

$$Ex_d = T_0 S_{gen} \tag{3-68}$$

式中：T_0 为参考温度，K；S_{gen} 为给定过程的熵增率，kJ/（s·K）。

由于原油是不可压缩物质，因此可用以下熵变方程表示：

$$s_2 - s_1 = C_{p,avg} \ln \frac{T_2}{T_1} \tag{3-69}$$

式中：$C_{p,avg}$ 为原油比热容，可通过式（3-70）计算：

$$C_{p,avg} = 1940 + 3T \tag{3-70}$$

式中：T 为每个过程的平均温度。

TES罐的能量平衡方程为

$$\sum \dot{m}_{in} h_{in} t + m_{tank} u_i + \sum \dot{Q}_{in} t = \sum \dot{m}_{out} h_{out} t + m_{tank} u_f + \sum \dot{Q}_{out} t \tag{3-71}$$

式中：$\dot{m}$ 为蓄热体的总质量，kg；t 为时间，s；u_i 为初始内能，kJ/kg；u_f 为最终内能，kJ/kg。

熵是在一个过程中由于不可逆性的存在而产生的，这种不可逆性可通过应用熵平衡方程来评估：

$$\sum m_{in} s_{in} t + \dot{m}_{tank} s_i + \sum \frac{Q_{in}}{T} t + S_{gen} = \sum m_{out} s_{out} t + \dot{m}_{tank} s_f + \sum \frac{Q_{out}}{T} t \tag{3-72}$$

TES罐的㶲平衡方程可以表示为：

$$\sum m_{in} ex_{in} t + \dot{m}_{tank} ex_i + \sum Ex_{in}^Q = \sum m_{out} ex_{out} t + \dot{m}_{tank} ex_f + \sum Ex_{out}^Q \tag{3-73}$$

此外，TES罐的存储容量可以用式（3-74）计算：

$$\dot{Q} = C_p \rho_s \left(1 - \varepsilon\right) \cdot V_{\text{tank}} \cdot \left(T - T_0\right) \tag{3-74}$$

式中：C_p 为多孔介质比热容，J/（kg·K）；ρ_s 为多孔介质母体材料的密度，kg/m³；ε 为孔隙率；T 为某一时刻蓄热体温度，K；T_0 为初始时刻蓄热体温度，K。

系统的性能可以根据能量和㶲效率进行评估。TES罐的能量效率可由式（3-75）定义：

$$\eta_{\text{en}_{\text{TES}}} = \frac{Q_{\text{discharging}}}{Q_{\text{charging}}} = 1 - \frac{Q_{\text{losses}}}{Q_{\text{charging}}} \tag{3-75}$$

加热系统的总体能量效率如式（3-76）所示：

$$\eta_{\text{en}_{\text{overall}}} = \frac{W_{\text{net}_{\text{system}}} + Q_{\text{oil}}}{Q_{\text{solar}}} \tag{3-76}$$

式中：$W_{\text{net}_{\text{system}}}$ 为集成系统的净输出功，kW；Q_{solar} 为输入到系统的太阳能，kW。

在本系统中，可用式（3-77）计算：

$$W_{\text{net}_{\text{system}}} = W_{\text{turbine}} + W_{\text{compressor}} - \sum W_{\text{pumps}} \tag{3-77}$$

参数 Q_{oil} 表示原油的热增益（单位为kW），可用式（3-78）计算：

$$Q_{\text{oil}} = m\left(h_{10} - h_2\right) \tag{3-78}$$

任何给定过程的㶲效率定义为㶲输出与系统㶲输出的比值。太阳能和系统整体的㶲效率可用式（3-79）计算：

$$\eta_{\text{ex}_{\text{solar}}} = 1 - \frac{Ex_{\text{d}_{\text{solar}}}}{Q_{\text{solar}}\left(1 - \dfrac{T_0}{T_{\text{sun}}}\right)} \tag{3-79}$$

$$\eta_{\text{ex}_{\text{overall}}} = \frac{W_{\text{net}_{\text{system}}} + Q_{\text{oil}}\left(1 - \dfrac{T_0}{T_{\text{oil}_{\text{avg}}}}\right)}{Q_{\text{solar}}\left(1 - \dfrac{T_0}{T_{\text{sun}}}\right)} \tag{3-80}$$

空气加热原油并发电后，进入预热器预热冷空气，从预热器出来的空气还带有一定的热量，其占系统总输入能量的数值就是系统余热回收效率η_w：

$$\eta_w = \frac{Q_w}{Q_{solar}} \qquad (3-81)$$

3.4.3.3 模型验证

由于本书建立的太阳能加热原油系统只是一个概念设计，尚未实际建造，与本系统整体传热性能相关的报道也比较少。但是，关于太阳能聚光系统热性能的文献已经发表了一些。太阳能聚光子系统作为整个系统的关键部位，需要对其热性能进行评估，因此，为了评估抛物面碟形集热器的热性能，对光学效率进行了近似估计，并将重点放在吸热器中热效率的计算上。为了验证在3.4.3.1中所建立的集热器子系统模型，选取吸热器温度范围为800～1300 ℃进行研究，所需的其他相关信息见表3-11。

表3-11　太阳能聚光系统的主要参数

参数	符号	数值
单个太阳能集热器面积/m^2	A_a	11×11
直接太阳辐射/（$W \cdot m^{-2}$）	I_s	900
反射率	ρ	0.94
透射率-吸收率乘积	τa	0.99
截距因子	γ	0.99
吸热器空腔内部面积/m^2	A_W	0.0654
吸热器空腔辐射发射率	ε_c	0.9
几何聚光比	C	3000
斯蒂芬-玻尔兹曼常数/（$W \cdot m^{-2} \cdot K^{-4}$）	σ	5.672×10^{-8}
环境温度/℃	T_a	25

对比结果见表3-12，从表3-11中可以看出本书的结果与参考文献中的结果相差较小，偏差范围仅在0.03%～0.12%，且随着吸热器空腔的平均壁温升高，偏差也在逐渐增大，具有较大偏差的原因主要有两个：第一个原因是本书

所设计的吸热器与实际的吸热器的尺寸相差较大，导致吸热器的总损失出现误差；第二个原因是本书没有考虑吸热器现场工作的环境，与实际吸热器的工作条件不同导致结果出现误差。但是，从对比结果来看，误差的范围还是可以接受的，因此，认为所建立的模型是有效的。

表3-12　在不同吸热器空腔内的平均壁温下验证太阳能吸热器的热效率

吸热器空腔内的平均壁温/℃	热效率/%		
	本书	参考文献[65]	误差
800	96.65	96.62	0.03
850	96.12	96.08	0.04
900	95.52	95.47	0.05
950	94.84	94.79	0.05
1000	94.08	94.03	0.05
1050	93.25	93.18	0.07
1100	92.31	92.24	0.07
1150	91.29	91.20	0.09
1200	90.14	90.04	0.10
1250	88.88	88.77	0.11
1300	87.50	87.38	0.12

3.4.4　经济学模型

采用年化成本法对系统进行经济性分析，系统的所有成本都是在其估算寿命内计算的，成本包括年化资本成本C_{acap}、更换成本C_{arep}、维护成本C_{amain}和运营成本C_{aope}。本书假设年通货膨胀率和年实际利率分别等于17%和20%，项目的生命周期被认为是20年。为了对太阳能加热原油系统中的设备进行经济性分析，从参考文献中找到了一些有用的关系式，用于购买设备成本的几个方程式与过去几年有关，Marshall和Swift成本指数中的现有修正系数用于更新参考年的成本。

$$\text{Cost}_{\text{reference year}} = \text{Cost}_{\text{original year}} \cdot \frac{\text{Costindex}_{\text{reference cost year}}}{\text{Costindex}_{\text{original cost year}}} \tag{3-82}$$

　　成本指数是无量纲值，用于更新工厂从过去一年到现在的成本，这是由于货币价值随时间变化而存在，表3-13和表3-14分别列出了部件的成本函数和系统的经济分析参数。需要注意的是，产品的平准化成本（LCP）不是与市场上的产品成本进行比较的标准，因为LCP是根据项目生命周期内的所有成本计算的。因此，引入主成本作为一个新的参数，以便与市场价格进行比较。

表3-13　设备采购成本

部件	设备的成本函数	参考文献
换热器	$C_{HX} = 8500 + 409 N_{HX}^{0.85}$	[70]
泵	$C_{pump} = 705.48 \dot{W}^{0.71} \left(1 + \dfrac{0.2}{1 - \eta_{pump}}\right)$	[71]
集热器	$C_{CSP} = 50 N_{CSP}$	[72]
压缩机	$C_{compressor} = \dfrac{39.5 \times \dot{m}}{\varepsilon_c} \left(\dfrac{p_{dc}}{p_{suc}}\right) \ln\left(\dfrac{p_{dc}}{p_{suc}}\right)$	[73]
汽轮机	$C_{turbine} = 3644.3 \dot{W}^{0.7} - 61.3 \dot{W}^{0.95}$	[70]
锅炉	$C_{boiler} = \left(0.249 p_{boiler} + 47.19\right) \dot{m} + 3.29 p_{boiler} + 624.6$	[74]
冷凝器	$C_{condenser} = 516.621 N_{condenser} + 268.45$	[70]
蓄热器	$C_{storage} = 17400 + 79 W_{storage}^{0.85}$	[75]
脱盐器	$C_{desalter} = 8500 + 409 N_{desalter}^{0.85}$	[70]
闪蒸罐	$C_{drum} = 1.218 f_m \exp\left[9.1 - 0.2889 \ln w + 0.04576 \left(\ln w\right)^2\right] + 300 D^{0.7396} L^{0.7066}$ $f_m = 0.0172,\ W = 10000,\ D = 8,\ L = 15$	[71]
发电机	$C_{generator} = 60 \dot{W}^{0.95}$	[76]
预热器	$C_{PRE} = 8500 + 409 N_{PRE}^{0.85}$	[70]

表3-14　系统年化成本法中的经济参数

定义	参数	参考文献
加热系统年化成本（ACS）	ACS= C_{acap} 部件 + C_{arep} 部件 + C_{amain} 部件 + C_{aope} （人工成本 + 保险成本 + 燃料成本）	[77]
加热系统年化资本成本（C_{acap}）	$C_{acap} = C_{cap} \cdot CRF(i, y) = C_{cap} \cdot \dfrac{i(1+i)^y}{(1+i)^y - 1}$, $C_{cap} = 1.1 \cdot$ 基建费用；i$= \dfrac{z-n}{1+n}$	[78]

表3-14（续）

定义	参数	参考文献
加热系统年化更换成本（C_{arep}）	$C_{arep} = C_{rep} \cdot \text{FSF}(i, y) = C_{rep} \cdot \dfrac{i}{(1+i)^y - 1}$ $C_{rep} = C_{cap}$（在基准年）$\cdot (1+i)^y$	[78]
加热系统年化维护成本（C_{amain}）	$C_{amain} = 0.05 \cdot$ 基建费用	[76]
加热系统年化运营成本（C_{aope}）	$C_{aope} =$ 人工成本 + 保险成本 + 燃料成本 人工数量=80，人工成本=500US\$/月 燃料成本（电能价格）=0.15US\$/（kW·h） 燃料成本（水价）=0.18US\$/m^3 保险费用= 0.02 · 基建费用	[78]
净现值（NPV）	$\text{NPV} = \dfrac{\text{ACS}}{CRF(i, y)}$	[71]
一年内产品总产量的平准化成本（原油）	$\text{LCP} = \dfrac{\text{NEWACS}}{\text{系统年产量}}$ NEW ACS=ACS-I, I=发电电价（US\$/年） 生产电价为0.15US\$/（kW·h）	[78]
主要成本（PC）	$\text{PC} = \dfrac{C_{aope}}{\text{VOP}}$, VOP=产量	[71]
产品成本总和（SPC）	SPC=VOP·COP, COP=产品成本	[79]
年收益（AB）	AB=SPC$-C_{aope}$	[71]
年净收益（NAB）	NAB=AB$\cdot (1-$税率$)$,Tax $= 0.1(AB)$	[71]
回报期（PR）	$\text{PR} = \dfrac{C_{cap}}{\text{NAB}}$	[71]
收益率（RR）	$\text{RR} = \dfrac{\text{NAB}}{C_{cap}}$	[71]
附加值（AV）	AV=COP-PC	[71]

3.4.5 结果分析

根据所建立的数学模型，用Fortran语句将计算公式输入Calculator模块，即可计算出所求的整体性能参数。本系统经过计算得到了一些有用的结果，系统的总能量效率、㶲效率和余热回收效率分别为75.99%，74.13%和31.21%，系统的年净收益、年运营成本和回报周期分别为0.591 MMUS\$，13.691 MMUS\$和

4.124年。此外，将太阳能加热原油系统应用在炼油厂中后，每年可减少11950 t二氧化碳排放，系统年发电量可达8250 MW·h。这些结果反映了所设计系统的优越性，相比于其他传统的原油加热系统，本系统不仅达到了减排的目的，而且还有盈利的项目产生，这也是石油和天然气行业的企业所看重的。对原油加热系统进行灵敏性分析，以分析改变系统参数对其性能的影响，这些系统参数包括质量流量、涡轮入口温度和压力、压缩机压比以及电能价格。

图3-36（a）显示了太阳能提供的能量对整个系统能量效率和㶲效率的影响。从图中可以看出，随着太阳能的增加，系统能量和㶲效率在不断增加，这是因为太阳能输入量的增加，输入系统的总太阳能和热量㶲也随之增加，整个系统的能量和㶲效率在53%~92%之间变化。图3-36（b）显示了太阳能提供的能量对集热器数量和效率的影响。从图中可以看出，太阳能输入量的增加使集热器平均工作壁温升高，从而使抛物盘数量增加，而集热器热效率减小。这是因为，随着工作壁温的升高，吸热器的对流换热损失（Q_{lc}）增加［见式（3-57）］，导致吸热器的有用功（Q_u）降低［见式（3-44）］，因此集热器的热效率逐渐降低。结果引起了人们对太阳能集热器设计的关注，较少数量的太阳能集热器促使更好地利用现有的太阳辐射。因此，随着太阳辐射量的减少，整体能量和㶲效率将会提高。

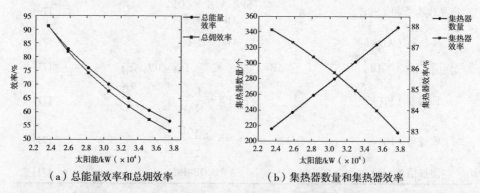

（a）总能量效率和总㶲效率　　（b）集热器数量和集热器效率

图3-36　系统输入太阳能对总能量效率和总㶲效率以及集热器数量和集热器效率的影响

图3-37（a）显示了不同压缩机压比对系统能量效率和㶲效率的影响。随着压比的增加，能量效率从44%提高到了95%左右。此外，当压比从2升至7，㶲效率从37%增加到了96%左右。出现这种趋势的原因是，当压比增加时，压缩机出口的空气温度逐渐升高，因此，当太阳能集热器的最高温度一定时，其所吸收的太阳能热量就会减少。图3-37（b）显示了压缩机压比对系统净输出

功的影响。可以观察到，当压比从2升至7时，系统净输出功从4563 kW增加到
13289 kW。

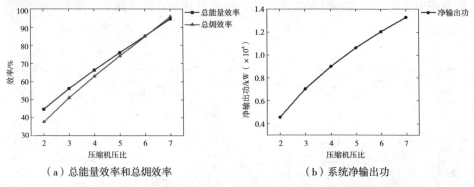

（a）总能量效率和总㶲效率　　　　　　　（b）系统净输出功

图3-37　压缩机压比对总能量效率和总㶲效率系统净输出功的影响

  影响系统性能的另一个关键系统参数是汽轮机的入口压力，其对整体效率
的影响如图3-38（a）所示，入口压力变化范围为500～17000 kPa。从图中可
以看到，随着汽轮机入口压力的上升，原油加热系统的效率呈上升趋势。通过
观察发现，进一步增加入口压力会使增加停止，系统最高的能量效率和㶲效率
发生在15500 kPa的压力下。此外，图3-38（b）显示了不同汽轮机入口压力对
朗肯循环效率的影响。从图中可以看出，随着汽轮机入口压力的提高，其效率
也在不断增加，但增加的幅度较小，这可以归因于实现这些压力所需要更高的泵
功。此外，汽轮机入口温度变化对系统能量效率和㶲效率的影响如图3-39（a）
所示，入口温度变化范围为525～725 ℃。可以看出，随着汽轮机入口温度的
升高，系统㶲效率在不断提高，而能量效率在不断减小。这是因为汽轮机入口
温度升高使其耗功也在不断增加，系统需要输入更多能量，但是压缩机耗功比

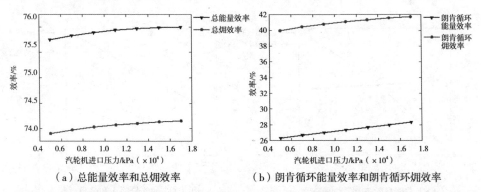

（a）总能量效率和总㶲效率　　　　　　（b）朗肯循环能量效率和朗肯循环㶲效率

**图3-38　汽轮机进口压力对总能量效率和总㶲效率以及朗肯循环能量效率和朗肯循环㶲效
率的影响**

系统输入的能量增加得更快。图3-39（b）显示了不同汽轮机进口温度对朗肯循环效率的影响，从图中可以看出，随着汽轮机入口温度的升高，来自汽轮机的有用电力输出也在同时增加，因此，还观察到朗肯循环能量效率和㶲效率的增加。

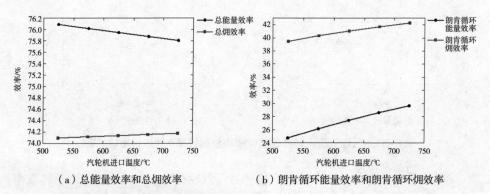

（a）总能量效率和总㶲效率　　　　　（b）朗肯循环能量效率和朗肯循环㶲效率

图3-39　汽轮机进口温度对总能量效率和总㶲效率以及朗肯循环能量效率和朗肯循环㶲效率的影响

改变气体流量对效率的影响如图3-40（a）所示。质量流量在35～60 kg/s变化，发现整个系统的㶲效率从72.72%提高到78.43%，而能量效率从76.10%降低至75.66%。这是因为随着气体流量的增加，压缩机功耗和系统所需太阳能也在增加，但对于㶲效率而言，压缩机耗功增加的幅度较系统所需太阳能大，而对于系统能量效率，两者增加的幅度并无太大变化。此外，随着气体流量的增加，TES能量输入以及从TES回收的能量在增加，如图3-40（b）所示。随着气体流量从35 kg/s增加到60 kg/s，能量值增加了约1.7倍。然而，更高的质量流量并不容易实现，因此，应更多地关注热能储存的设计以实现更高的性能。

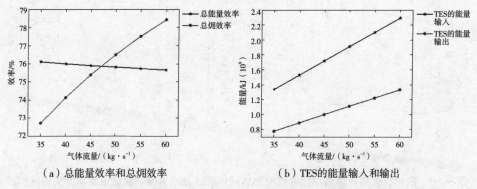

（a）总能量效率和总㶲效率　　　　　（b）TES的能量输入和输出

图3-40　气体流量对总能量效率和总㶲效率以及TES的能量输入和输出的影响

图3-41（a）显示了原油质量流量对整体能量效率和㶲效率的影响。随着原油质量流量从6 kg/s增加到18 kg/s，整体㶲效率从78.49%降低至72.64%，而能量效率从70.90%增加到77.73%。这是因为随着原油流量的增加，原油的热增益和系统所需太阳能也在增加，对于能量效率而言，热增益的增长幅度大于系统所需太阳能，而㶲效率则正好相反，这也说明了㶲在能源系统分析中的重要性。从图3-41（b）可以看出，提供给换热器的热量随着原油流量的增加而显著增加。

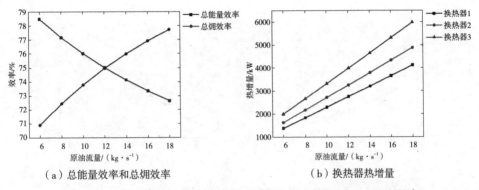

（a）总能量效率和总㶲效率　　　（b）换热器热增量

图3-41　原油流量对总能量效率和总㶲效率以及换热器热增量的影响

图3-42显示了朗肯循环中工作流体的质量流量对整体效率以及朗肯循环效率的影响。从图中可以看出，随着质量流量的增加，系统效率以及朗肯循环效率都在不断下降，原油加热系统的性能降低。因此，应合理选择朗肯循环流体流量，并不是越高越好。通过试算发现，当流量为1 kg/s时，系统性能较好，本书选择此流量作为朗肯循环的最佳流量。此外，充电和放电持续时间

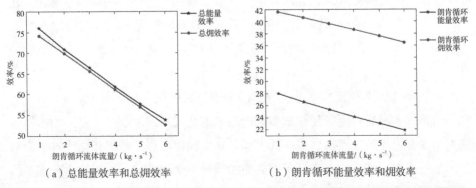

（a）总能量效率和总㶲效率　　　（b）朗肯循环能量效率和㶲效率

图3-42　朗肯循环流体流量对总能量效率和总㶲效率以及朗肯循环能量效率和㶲效率的影响

对热能存储的能量和㶲效率的影响如图3-43所示。在TES效率定义中,输出是在放电期间从TES回收的能量,而输入是在充电和存储期间在TES中积累的能量。这导致充电期间能量效率和㶲效率均呈下降趋势,能量效率从64.58%下降到48.43%,㶲效率从77.22%下降到53.04%。相反,随着放电时间的增加,从TES中回收的能量也会增加。因此,能量效率从21.79%提高到65.38%,㶲效率从34.98%提高到79.02%。此外,随着放电时间从3小时增加到11小时,观察到TES效率增加,如图3-43(b)所示。

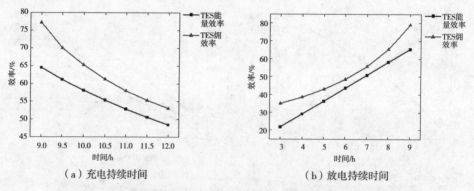

图3-43 充电持续时间和放电持续时间对TES能量效率和㶲效率的影响

图3-44显示了原油加热系统主要部件的㶲破坏率。从图中可以看出,太阳能集热器的㶲破坏率最高,其次是蓄热器和压缩机,然后是汽轮机和三个换热器。相比之下,预热器、锅炉、脱盐器、闪蒸罐、冷凝器保持很低的㶲破坏率,特别是泵,保持最低的㶲破坏率,这是由于在朗肯循环中考虑的工作流体的质量流量相对较低。此外,如式(3-68)所示,㶲破坏与熵的产生直接相关,而熵的产生又与该系统中的工作温度差异直接相关。例如,由于源温度和HTF温度之间的温差较大,太阳能集热器会有高熵产生导致的高㶲破坏率。相比之下,朗肯循环具有最低的㶲破坏率,因为锅炉温度和蒸汽温度之间的温差相对较低,会产生低熵。因此,需要努力以具有成本效益的方式降低㶲破坏率。

系统年化成本和产品平准化成本随电能价格的变化如图3-45(a)所示。电能价格的上涨导致系统年化成本和产品平准化成本均增加。这是因为电能价格的增加首先导致了年运营成本的增加,从而间接增加了系统年化成本,而对于产品的平准化成本,在产品年加热原油质量不变的情况下,年化运营成本的增加也会导致该值随之增加。图3-45(b)显示了电能价格对年净收益和回报周期的影响，随着电能价格的增加，年净收益先减少后增加，而回报周期先增加再减少。与图3-45（a）的分析相同，电能价格的增加导致了系统年运营成本的增加，因此系统年净收益呈现了先减小的趋势，而回报周期出现了先增加的趋势，但是当电能价格高于0.15 US$/kW·h时，系统年净收益和回报周期出现了相反的趋势。这是因为当电能价格高于0.15 US$/kW·h时，产品成本总和的增长速率比系统年运营成本要快，导致系统年净收益增加，回报周期减小。根据图3-45（b），当电能价格低于0.15 US$/kW·h时，回报周期低于4年，这就可以从经济学角度证明所设计的太阳能加热原油系统结构是合理的，对于寿命为20年的项目，可以采用四年以下的回报周期。热力学和经济学分析的主要结果见表3-15和3-16。

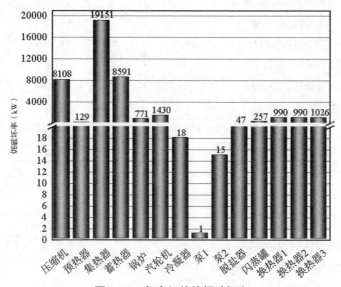

图3-44　每个组件的㶲破坏率

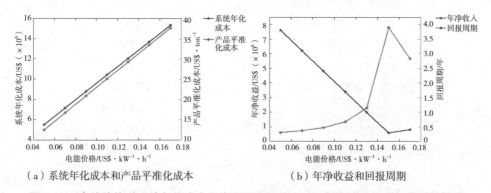

（a）系统年化成本和产品平准化成本　　　　（b）年净收益和回报周期

图3-45　电能价格对系统年化成本和产品平准化成本以及年净收益和回报周期的影响

表3-15　热力学分析结果

参数	数值
太阳能集热器数量	259.00
所需集热器面积/m²	31339.00
太阳能集热器提供的热量/kW	28163.00
CO_2年减排量/t	11950.00
太阳能年发电量/MW·h	8250.00
第一个换热器的热增量/kW	3205.05
第二个换热器的热增量/kW	3794.31
第三个换热器的热增量/kW	4648.65
太阳能集热器能量效率/%	94.50
太阳能集热器㶲效率/%	11.21
TES能量效率/%	58.12
TES㶲效率/%	65.31
朗肯循环能量效率/%	28.01
朗肯循环㶲效率/%	41.59
总能量效率/%	75.99
总㶲效率/%	74.13
余热回收效率/%	31.21

表3-16　经济学分析结果

参数	值数
基建费用（MMUS$）	2.2150
原油加热价格（MMUS$/a）	12.7008
太阳能发电价格（MMUS$/a）	1.1870
产品成本总和（MMUS$/a）	13.8880
产品主要成本/（US$·ton⁻¹）	31.3340
年净收益（MMUS$）	0.5910
系统年化成本（MMUS$）	13.6910
净现值（MMUS$）	212.2570
回报周期/a	4.1240
回报率/%	24.2520
保险费用（US$/a）	44305.5590
水费（MMUS$/a）	0.4740
年运营成本（MMUS$/a）	13.2650

参考文献

[1] MEYER R F, ATTANASI E D, FREEMAN P A. Heavy oil and natural bitumen resources in geological basins of the world[J]. Open-file rep ort, 2007, 1084:1-36.

[2] SOLARGTS. Solar resource maps of China [EB/OL]. [2024-01-25]. http//soargis. com/maps.-and-gis-data/download/china.

[3] WANG F Q, DONG Y, LI Y, et al. Numerical study on the thermal performance of packed-bed latent heat thermal energy storage system with biomimetic alveoli structure capsule[J]. Science China-technological sciences, 2021, 64(7): 1544-1554.

[4] WANG F Q, ZHANG X P, WANG H R, et al. An energy-efficient glass using biomimetic structures with excellent energy saving features in both hot and cold weather[J]. Journal of quantitative spectroscopy and radiative transfer, 2022, 286:108180.

[5] MA G Y, WAN G Z, LI Y, et al. Simulation of heat and mass transfer in pulverized coal boiler based on gaseous combustion through phase separation technique[J]. Journal of thermal science and engineering applications, 2023, 15(3): 031008.

[6] WAN G Z, GUO Q, LI Y, et al. Simulation of heat and mass transfer in a moving bed part-fluidized boiler[J]. Journal of thermal science and engineering applications, 2024, 16(3): 031004.

[7] ELZINGA E, ARNOLD C, ALLEN D, et al. Solar thermal enhanced oil recovery (STEOR). SECTIONS 2-8. FINAL report, October 1, 1979-June 30, 1980[R]. Minneapolis: Honeywell, Inc, 1980.

[8] ELZINGA E, ARNOLD C, ALLEN D, et al. Solar thermal enhanced oil recovery (STEOR). volume Ⅲ. preliminary design for a pre-heat only solar facility. final report, October 1, 1979-June 30, 1980[R]. Linden: Exxon Research and Engineering Co., 1980.

[9] ALLEN D J, GANGADHARAN A C. Solar thermal systems in industry[J]. Journal of the American oil chemists society, 1982, 59(3): 168-172.

[10] GORMAN D N. Assessment of central receiver solar thermal enhanced oil recovery systems[R]. Thermal Power Systems, Larkspur, CO (USA); Sandia National Lab.(SNL-CA), Livermore, CA (United States), 1987.

[11] BADRAN A A, JUBRAN B A. Fuel oil heating by a trickle solar collector[J]. Energy conversion and management, 2001, 42(14): 1637-1645.

[12] LASICH J, KAILA N. Helitherm-solar power throughput enhancement and heat tracing for heavy oil pipelines[C]. Calgary: SPE, 2001.

[13] VAN HEEL A P, VAN WUNNIK J N, BENTOUATI S, et al. The impact of daily and seasonal cycles in solar-generated steam on oil recovery[C]. Calgary: SPE, 2010.

[14] KOVSCEK A R. Emerging challenges and potential futures for thermally enhanced oil recovery[J]. Journal of petroleum science and engineering, 2012, 98: 130-143.

[15] BIERMAN B, O'DONNELL J, BURKE R, et al. Construction of an enclosed trough EOR system in south oman[J]. Energy procedia, 2014, 49: 1756-1765.

[16] BIERMAN B, TREYNOR C, O'DONNELL J, et al. Performance of an enclosed trough EOR system in south Oman[J]. Energy procedia, 2014, 49: 1269-1278.

[17] MAMEDOV F F, SAMEDOVA U F, SALAMOV O M, et al. Heat engineering calculation of a parabolo-cylindrical solar concentrator with tubular reactor for crude oil preparation for refining in the oil fields[J]. Applied solar energy, 2008, 44: 28-30.

[18] ALTAYIB K, DINCER I. Analysis and assessment of using an integrated solar energy based system in crude oil refinery[J]. Applied thermal engineering, 2019, 159: 113799.

[19] ABDIBATTAYEVA M, BISSENOV K, ASKAROVA G, et al. Transport of heavy oil by applying of solar energy[J]. Environmental and climate technologies, 2021, 25(1): 879-893.

[20] 贾庆仲. 太阳能在石油输送中的应用研究[J]. 太阳能学报, 2004, 25(4): 483-487.

[21] 王学生, 王如竹, 吴静怡, 等. 太阳能加热输送原油系统应用研究[J]. 油气储运, 2004, 23(7): 41-45.

[22] 丁月华, 陈渝广, 曾宪强. 原油集输风光电一体化节能技术[J]. 油气储运, 2006, 25(4): 43-46.

[23] 单朝玉, 胡强. 稠油加温用上太阳能[J]. 中国石油石化, 2008 (13): 79-79.

[24] 孟凤果, 滑洁, 潘蒙. 原油集输系统太阳能集热器电辅加热的智能控制[J]. 油气田地面工程, 2009, 28(3): 11-12.

[25] 刘力, 曾宣慰, 佘小兵, 等. 拉油井组储罐原油太阳能加热技术[J]. 油气田地面工程, 2010, 29(3): 83-84.

[26] 盖超. 热泵技术在辽河油田中的应用[J]. 中国新技术新产品, 2011 (1): 121.

[27] 侯磊, 张欣, 周伟. 太阳能在油气田地面工程中的应用[J]. 应用能源技术, 2011 (1): 40-43.

[28] 高丽. 太阳能电加热组合技术在油田生产中的应用[J]. 节能技术, 2012, 30(5): 428-430.

[29] 关俊岭. 太阳能高温热在西北油田单井应用的可行性分析[J]. 石油石化节能与减排, 2013 (5): 36-41.

[30] 陆钧, 湛凤巍, 董智勇, 等. 太阳能聚光热技术在稠油集输加热中的可行性研究[J]. 石油石化节能, 2016, 6(11): 59-62.

[31] 徐旭龙, 肖元沛, 徐阳, 等. 原油加热节能技术在安塞油田的现场应用[J]. 石油化工设备, 2019, 48(4): 69-72.

[32] 郝芸, 吕少华, 李慧, 等. 太阳能光伏光热系统在原油集输中的应用研究[J].石油石化绿色低碳, 2020, 5(3): 69-72.

[33] 李武平, 武玉双, 李小永, 等. 太阳能光电一体化技术在原油加热系统中的应用[J]. 石油石化节能, 2021, 11(3): 13-16.

[34] 解建辉, 王海鹏. 论太阳能原油加热系统在油田的应用推广[J]. 石油石化节能, 2022, 12(1): 51-54.

[35] 何君. 电加热高凝稠油井下温度分布研究[D]. 哈尔滨: 哈尔滨工业大学, 2014.

[36] 赵健. 高寒地区原油储存过程中的传热问题研究及工艺方案优化[D]. 大庆: 东北石油大学, 2013.

[37] GUPTA K, ETHAKOTA M, PAYYANAD S. Integrate solar/thermal energy in oil and gas processing[J]. Hydrocarbon processing, 2018(1): 97.

[38] ZHOU L, DESHPANDE K, ZHANG X, et al. Process simulation of chemical looping combustion using ASPEN plus for a mixture of biomass and coal with various oxygen carriers[J]. Energy, 2020, 195: 116955.

[39] MOSER A, MUSCHICK D, GÖLLES M, et al. A MILP-based modular energy management system for urban multi-energy systems: performance and sensitivity analysis[J]. Applied energy, 2020, 261: 114342.

[40] 付在国, 高欢欢, 张涛, 等. 太阳能加热原油储运系统热负荷匹配计算[J]. 油气储运, 2019, 38(11): 1306-1310.

[41] HWANG G J, WU C C, CHAO C H. Investigation of non-darcian forced convection in an asymmetrically heated sintered porous channel[J]. 1995, 117: 725-732.

[42] PARK H, PAGANETTI H, SCHUEMANN J, et al. Monte Carlo methods for device simulations in radiation therapy[J]. Physics in medicine & biology, 2021, 66(18): 18TR01.

[43] 王金平,王军,张耀明, 等.槽式太阳能聚光集热器传热特性分析[J].农业工程学

报,2015,31(7):185-192.

[44] GONG X, WANG F, WANG H, et al. Heat transfer enhancement analysis of tube receiver for parabolic trough solar collector with pin fin arrays inserting[J]. Solar energy, 2017, 144: 185-202.

[45] CHAKRABORTY O, ROY S, DAS B, et al. Effects of helical absorber tube on the energy and exergy analysis of parabolic solar trough collector – a computational analysis[J]. Sustainable energy technologies and assessments,2021,44:1-14.

[46] HAN H Z, LI B X, YU B Y, et al. Numerical study of flow and heat transfer characteristics in outward convex corrugated tubes[J]. International journal of heat and mass transfer, 2012, 55(25/26): 7782-7802.

[47] 乔智晶. 弓形折流板换热器壳程流体流动与传热的数值模拟[D]. 哈尔滨: 哈尔滨工程大学, 2009.

[48] 赵志明. 大庆北油库浮顶储油罐非稳态传热问题的数值计算[D]. 大庆: 大庆石油学院, 2009.

[49] 陈海飞, 徐贤, 陆莉鋆, 等. 一种高倍聚光型太阳能蓄热器的设计研究[J]. 能源工程, 2019 (4): 35-38.

[50] MENG X, XIA X, SELLAMI N, et al. Coupled heat transfer performance of a high temperature cup shaped porous absorber[J]. Energy conversion and management, 2016, 110: 327-337.

[51] 李传宪, 施静. 冷热原油顺序输送过程的热力分析[J]. 中国石油大学学报(自然科学版), 2013, 37(2): 112-118.

[52] 陈新民, 李淑兰, 李友平, 等. 火烧油层点火参数计算模型的建立与应用[J]. 石油机械, 2004, 32(6): 21-22.

[53] 张帆. 重质原油焦化和传统减压渣油焦化的对比研究[J]. 石油炼制与化工, 2013, 44(3): 12-17.

[54] 闫珂. 多孔介质蓄热系统动态蓄热特性研究[D]. 杭州: 浙江大学, 2019.

[55] ISLAM S, DINCER I. Development, analysis and performance assessment of a combined solar and geothermal energy-based integrated system for multigeneration[J]. Solar energy, 2017, 147: 328-343.

[56] GHORBANI B, HAMEDI M H, AMIDPOUR M, et al. Cascade refrigeration systems in integrated cryogenic natural gas process (natural gas liquids (NGL), liquefied natural gas (LNG) and nitrogen rejection unit (NRU))[J]. Energy, 2016, 115: 88-106.

[57] GHOLAMALIZADEH E, CHUNG J D. Exergy analysis of a pilot parabolic solar dish-stirling system[J]. Entropy, 2017, 19(10): 509.

[58] MOHAMMADI A, MEHRPOOYA M. Exergy analysis and optimization of an integrated micro gas turbine, compressed air energy storage and solar dish collector process[J]. Journal of cleaner production, 2016, 139: 372-383.

[59] PALAVRAS I, BAKOS G C. Development of a low-cost dish solar concentrator and its application in zeolite desorption[J]. Renewable energy, 2006, 31(15): 2422-2431.

[60] SEO T, RYU S, KANG Y. Heat losses from the receivers of a multifaceted parabolic solar energy collecting system[J]. KSME international journal, 2003, 17: 1185-1195.

[61] KUMAR A, SHARMA M, THAKUR P, et al. A review on exergy analysis of solar parabolic collectors[J]. Solar energy, 2020, 197: 411-432.

[62] BAIT O. Exergy, environ-economic and economic analyses of a tubular solar water heater assisted solar still[J]. Journal of cleaner production, 2019, 212: 630-646.

[63] MUGI V R, CHANDRAMOHAN V P. Energy and exergy analysis of forced and natural

convection indirect solar dryers: estimation of exergy inflow, outflow, losses, exergy efficiencies and sustainability indicators from drying experiments[J]. Journal of cleaner production, 2021, 282: 124421.

[64] YANG J P, PAN Z, ZHANG L, et al. Thermodynamic analysis of Rankine cycle system based on solar energy and LNG cold energy[J]. Journal of Liaoning university of petroleum & chemical technology, 2019, 39(2): 47.

[65] WU S Y, XIAO L, CAO Y, et al. A parabolic dish/AMTEC solar thermal power system and its performance evaluation[J]. Applied energy, 2010, 87(2): 452-462.

[66] DEMIR M E, DINCER I. Development of an integrated hybrid solar thermal power system with thermoelectric generator for desalination and power production[J]. Desalination, 2017, 404: 59-71.

[67] MEHRPOOYA M, GHORBANI B, HOSSEINI S S. Thermodynamic and economic evaluation of a novel concentrated solar power system integrated with absorption refrigeration and desalination cycles[J]. Energy conversion and management, 2018, 175: 337-356.

[68] RAHIMI S, MERATIZAMAN M, MONADIZADEH S, et al. Techno-economic analysis of wind turbine-PEM (polymer electrolyte membrane) fuel cell hybrid system in standalone area[J]. Energy, 2014, 67: 381-396.

[69] INDICATORS E. Marshall & Swift equipment cost index[J]. Chemical engineering, 116(5): 72.

[70] REYHANI H A, MERATIZAMAN M, EBRAHIMI A, et al. Thermodynamic and economic optimization of SOFC-GT and its cogeneration opportunities using generated syngas from heavy fuel oil gasification[J]. Energy, 2016, 107: 141-164.

[71] GHORBANI B, MEHRPOOYA M, SHIRMOHAMMADI R, et al. A comprehensive approach toward utilizing mixed refrigerant and absorption refrigeration systems in an integrated cryogenic refrigeration process[J]. Journal of cleaner production, 2018, 179: 495-514.

[72] MORADI M, MEHRPOOYA M. Optimal design and economic analysis of a hybrid solid oxide fuel cell and parabolic solar dish collector, combined cooling, heating and power (CCHP) system used for a large commercial tower[J]. Energy, 2017, 130: 530-543.

[73] GALANTI L, MASSARDO A F. Micro gas turbine thermodynamic and economic analysis up to 500 kWe size[J]. Applied energy, 2011, 88(12): 4795-4802.

[74] MANESH M H K, GHALAMI H, AMIDPOUR M, et al. Optimal coupling of site utility steam network with MED-RO desalination through total site analysis and exergoeconomic optimization[J]. Desalination, 2013, 316: 42-52.

[75] BENATO A. Performance and cost evaluation of an innovative pumped thermal electricity storage power system[J]. Energy, 2017, 138: 419-436.

[76] GIBSON C A, MEYBODI M A, BEHNIA M. Optimisation and selection of a steam turbine for a large scale industrial CHP (combined heat and power) system under Australia's carbon price[J]. Energy, 2013, 61: 291-307.

[77] GHORBANI B, SHIRMOHAMMADI R, MEHRPOOYA M. A novel energy efficient LNG/NGL recovery process using absorption and mixed refrigerant refrigeration cycles-economic and exergy analyses[J]. Applied thermal engineering, 2018, 132: 283-295.

[78] GHORBANI B, HAMEDI M H, AMIDPOUR M, et al. Implementing absorption refrigeration cycle in lieu of DMR and C3MR cycles in the integrated NGL, LNG and NRU unit[J]. International journal of refrigeration, 2017, 77: 20-38.

[79] KARAGIANNIS I C, SOLDATOS P G. Water desalination cost literature: review and assessment[J]. Desalination, 2008, 223(1-3): 448-456.

第 **4** 章

输油管道传热研究

4.1 管道堵塞和缺陷研究现状

4.1.1 输油管道堵塞研究

天然气水合物的形成和聚集是石油或天然气输送管道堵塞的主要原因。在使用时间较长的输油管道中，输送的原油杂质较多，当压力、温度和酸碱度等条件出现变化时，管中易生成油垢和泥垢。油垢中主要成分为凝固油类、沥青和石蜡等，泥垢中主要成分为无机盐、水垢和泥沙结晶。Alnaimat等的研究结果表明，结垢的形成过程主要有4个步骤：①非晶垢在管道内壁面初步形成；②局部晶核逐渐积累变大；③多处晶体增长的同时聚集，形成集群晶体结垢；④管道内壁面被相互连接的集群晶体覆盖。图4-1为输油管道堵塞实况。

图4-1 输油管道堵塞实况

自1934年发现管道中的水合物堵塞以来，运输系统中的水合物形成和堵塞问题一直困扰着石油行业。在常规运输过程中，加热会使油温超过冰点，这可以确保管道的安全运行和运输。然而，生产过程中不可避免地会出现一些人为或非人为的停工因素。当原油在管道中时，随着停止时间的增加，油温开始下降。蜡晶体越来越多地沉淀在含蜡原油中。为了深入研究输油管道的堵塞，Duan等采用计算流体动力学（CFD）和离散元法（DEM）进行数值模拟，研究由聚集和沉积引起的水合物堵塞过程，建立了含水合物颗粒的固液管道三维模型,根据水合物聚集体碰撞过程中的水合物体积分数和压降变化，大致定义了临界水合物堵塞状态。Zhang等利用CFD软件对0°，25°和45°倾角的管道进行了三维数值模拟，获取原油在倾斜管道中的传热和流动规律，最终得出低洼管段更容易造成管道堵塞的结论。Permadi等设计了深度为1200 m的海底管道系统的双壁管和模拟双壁管，研究双壁管对深度为1200 m的海底原油流动的影响，并得出结论，使用双壁管可以稳定原油和管壁之间的温度，可有效防止管道堵塞的发生，使原油可以稳定输送。Xu等进行了试验，研究油流从低水平段冲入50 mm管向上倾斜部分的流动现象，还使用Fluent软件中的流体体积VOF模型模拟了油的水置换过程，并对水量、油速、管径、倾角、物理性质对模拟结果的影响进行了参数化研究，仿真结果与试验结果吻合较好，同时仿真结果证实了基于中水塞形成的简单机制模型的适用性，是用于预测水位移开始的关键条件。西安石油大学的康庆华将长输CO_2管道作为研究对象，依据瞬态压力波反射原理，采用试验与数值求解相互验证的方法，证明了瞬态压力波法在长输CO_2管道堵塞检测中适用，并且认为将监测点分别设置在管道入口和靠近堵塞位置前端可使得检测结果更加精确。中国石油大学的王军傲采用数值模拟和离散单元法（CFD–DEM）对多相混输管道水合物堵塞机制研究，在天然气凝析液管道水合物堵塞概率计算方法的基础上，提出了水合物管道安全运行等级划分方法，对含水合物浆液管道稳定运行安全性进行了评估。廖柯熹等采用SPS仿真软件，模拟当输气管道发生堵塞时，沿线管内压力与流量的变化，并验证现有变送器对管道堵塞监测的实用性。研究结果发现检测点越接近堵塞点，压力和流量波动越明显，研究结果为基于压力与流量监测的输气管道堵塞定位方法的深入研究奠定了理论基础。陈小榆等利用CFD软件，采用非稳态的计算方式，研究不同停输时刻管道温度场分布及温降曲线。根据模拟结果发现，油温下降速度与传热方式相对应，65 ℃油温，安全停输时间为21 h。肖杰等基于SPS软件，对输油管道进行瞬态模拟以获取管道发生事故时运行参数的变化情况。孙二国等使用Visual编写堵塞水力特性分析程序，针对不同堵塞面积的管道进行模拟，得到不同程度堵塞对管道的压力、流量等水力特性的影响。

4.1.2　输油管道缺陷研究

石油基础设施普遍存在腐蚀磨损现象，尤其是石油和天然气管道。含缺陷的管道失效极有可能带来巨大的经济损失和环境污染，严重的甚至会导致管道炸裂。图4-2为管道缺陷实况。

图4-2　管道缺陷实况

针对管道缺陷，Sun等使用数值模拟技术，并结合遗传算法优化神经网络学习的方法，得到弯头管残余强度随缺陷宽度、深度和长度的增加而增大，并且表明GA-ELM模型可以有效预测缺陷弯头管的侵蚀速率、残余寿命和残余强度，而且预测精度优于传统ELM模型。Jiang等使用试验和模拟结合的方法，对环焊缝有裂纹的斜角弯管进行研究，得到对斜纹X70管道的完整性评估的方法，并证明了该方法的实用性。Naghipour等通过试验和数值分析，研究高强度钢管在内压作用下局部减薄的压痕响应，模拟结果与试验结果吻合，并且得到可预测局部损坏管道结构的经验方程。Zhu等研究不同泄漏尺寸的受损海底管道，利用Fluent软件对海底管道泄漏到自由表面的过程进行模拟，得到一个拟合公式，从计算石油到达海面的时间。Kamal通过数值模拟研究不同的裂纹尺寸对管道压力的影响，发现裂纹周围区域的压降变化在上游和下游区域更大。Sousa等研究三种不同尺寸的泄漏，使用数值模拟的方法对泄漏管道进行评估，得知不同尺寸泄露对三维管道截面中的压力、速度场和流速的影响。Kamal等使用Fluent软件研究裂缝对管道中原油流动特性的影响，确定裂纹尺寸与压力损失之间存在直接的联系，裂纹尺寸越大，压降越大。Manshoor等研究微小泄漏周围的流动特性，发现压力是检测泄漏的最准确、最可靠的参数。Mu等应用数值模拟建立管道泄漏模型，设计不同的泄漏场景，研究了初始压力和泄漏尺寸对泄漏率的影响，得知泄漏孔周围的流体动力学特性，包括速度分布和压力分布。陈飞基于XFEM方法，运用有限元软件ABAQUS，针对含表面裂纹的管道在一定内压及拉伸力的作用下的裂纹扩展规律进行数值模拟，得到裂纹初始尺寸对裂纹扩展的影响最大的结论，管道内压对裂纹扩展的影响最小。王长新等使用Maxwell仿真软件针对不同尺寸裂纹进行数值模拟，研制涡流检测技术以有效识别管道裂纹的尺寸，研究结果对管道裂纹识别有指导意义。易斐宁等使用ABAQUS软件对表面焊接有裂纹的缺陷X80管道进行模拟，确认该管道符合工程应用需求的安全临界强度匹配系数。刘庆刚等使用ANSYS软件对含轴向穿透裂纹的长输管道进行数值模拟，得出了内压与裂纹长度对管道壁面应力强度因子有影响，且含裂纹管道外壁应力强度因子大于内壁的结论。马海龙等使用数值模拟的方式，研究不同悬空距离、海水流速和内压对含有裂纹管道的影响，结果表明，悬空距离和内压对裂纹管道韧性影响较大。吕锦杰使用ABAQUS软件基于内聚力模型研究不同尺寸管道的动态断裂情况，结果表明管道开裂速度与管道内压的定量关系与实验半经验公式吻合较好。刘维洋使用ABAQUS模拟与Python和Fortran编程结合的方式，研究管道裂纹在静载荷与循环载荷下的延展规律，通过算例与试验相互验证结果真实性。帅健等采用ANSYS有限元分析软件对高压输气管道的裂纹动态扩展问题进行数值模拟，获取CTOA和能量释放率两个断裂力学参数。陈丽娜等使用ABAQUS软件，针对胜利油田注水管道内外壁面腐蚀缺陷间相互作用及影响因素进行研究，得出了影响内外腐蚀缺陷间相互作用的重要因素是腐蚀缺陷的尺寸和间距的结论。张伟等使用ANSYS软件对腐蚀缺陷管道参数进行了计算和分析，得出了缺陷管道内压、缺陷厚度与缺陷处应力三者之间的关系。

4.2　输油管道堵塞和缺陷数值模拟方法

基于本书研究内容，本章对输油管道堵塞/缺陷数值模拟方法进行具体介绍，并结合原油流动具体特征，使用恰当的模拟方法。

4.2.1　数学模型

连续性方程、原油能量方程和固体材料的微分热传导方程如下：

4.2.1.1　守恒方程

质量守恒方程：

$$\frac{\partial(\rho v)}{\partial t} + \nabla \cdot (\rho v) = 0 \qquad (4\text{–}1)$$

式中：ρ为密度，kg/m³；v为流速，m/s；t为时间，s。

动量守恒方程：

$$\frac{\partial(\rho v)}{\partial t} + \nabla(\rho v_i v_j) = -\nabla p + \rho g + \nabla \tau \qquad (4-2)$$

式中：P为流体微元体上的压强，Pa；g为重力加速度，m/s²；τ为应力张量，Pa。

能量守恒方程：

$$Q = \rho C_p \frac{\partial T}{\partial t} + \rho_f C_p \mu \cdot \nabla T + \nabla \cdot q \qquad (4-3)$$

式中：C_p为固体比热容，J/（kg·K）；ρ_f为流体密度，kg/m³；μ为动力黏度，Pa·s；q为热通量，W/m²。

4.2.1.2　湍流模型

（1）标准k-ε模型。

该模型是一个流固热耦合问题，涉及传热传质和湍流，是适用范围广的湍流模型，该模型的湍动能k和耗散率ε方程为如式（4-4）和式（4-5）：

$$\rho\frac{\mathrm{d}k}{\mathrm{d}t} = \frac{\partial}{\partial x_i}\left[\left(\mu + \frac{\mu_t}{\sigma_k}\right)\frac{\partial k}{\partial x_i}\right] + G_k + G_b - \rho\varepsilon - Y_M \qquad (4-4)$$

$$\frac{\mathrm{d}k}{\mathrm{d}t} = \frac{\partial}{\partial x_i}\left[\left(\mu + \frac{\mu_t}{\sigma_\varepsilon}\right)\frac{\partial\varepsilon}{\partial x_i}\right] + C_{1\varepsilon}\frac{\varepsilon}{k}(G_k + C_{3\varepsilon}G_b) - C_{2\varepsilon}\rho\frac{\varepsilon^2}{k} \qquad (4-5)$$

式中：ρ为流体密度；μ_t为流体湍流黏性系数；G_k为由平均速度梯度引起的湍动能，在Fluent软件中作为默认常数值$C_{1\varepsilon}$=1.44，$C_{2\varepsilon}$=1.92，$C_{3\varepsilon}$=0.09，σ_k=1，σ_ε=1.3。

（2）可实现k-ε模型（Realizable k-ε）。

可实现k-ε模型的湍动能及其耗散率输送方程为

$$\rho\frac{\mathrm{d}k}{\mathrm{d}t} = \frac{\partial}{\partial x_i}\left[\left(\mu + \frac{\mu_t}{\sigma_k}\right)\frac{\partial k}{\partial x_i}\right] + G_k + G_b - \rho\varepsilon - Y_M \qquad (4-6)$$

$$\frac{\mathrm{d}k}{\mathrm{d}t} = \frac{\partial}{\partial x_i}\left[\left(\mu + \frac{\mu_t}{\sigma_\varepsilon}\right)\frac{\partial \varepsilon}{\partial x_i}\right] + \rho C_1 S\varepsilon - C_2 \rho \frac{\varepsilon^2}{k + \sqrt{\upsilon\varepsilon}} + C_{1\varepsilon}\frac{\varepsilon}{k}C_{3\varepsilon}G_\mathrm{b} \quad (4\text{-}7)$$

式中： $C_1 = \max\left[0.43, \dfrac{\eta}{\eta + 5}\right]$ ； $\eta = S_k / \varepsilon$ ； C_2 和 $C_{1\varepsilon}$ 是常数，在Fluent软件中作为默认常数值 $C_{1\varepsilon}=1.44$ ， $C_{2\varepsilon}=1.92$ ， $C_{3\varepsilon}=0.09$ ， $\sigma_k=1$ ， $\sigma_\varepsilon=1.3$ 。

由于本书研究原油存在旋流现象，因此选用Realizable k-ε模型更合适。

4.2.1.3 传热模型

固液之间的对流传热过程是影响管道原油输送的流动和传热特性的重要因素，当原油与管壁的温度不同时会产生固液间热量传递。

对流传热强度遵循牛顿冷却定律，其计算表达式为

$$Q = h(T_\mathrm{w} - T_1) \quad (4\text{-}8)$$

$$h = \frac{Nu \cdot \lambda}{D} \quad (4\text{-}9)$$

式中： Q 为热流密度； h 为对流换热系数； T_w 为固体表面温度； T_1 为流体温度； λ 为原油导热系数； D 为固体表面积。

雷诺数 Re 计算表达式为

$$Re = \rho\frac{vL}{\mu} \quad (4\text{-}10)$$

式中： v 为原油流速； L 为当量直径。

努塞尔数 Nu 由Gunn关联式得到：

$$Nu = \left(7 - 10\varphi_1 + 5\varphi_1^2\right)\left(1 + 0.7Re^{0.2}Pr^{1/3}\right) + \left(1.33 - 2.4\varphi_1 + 1.2\varphi_1^2\right)Re^{0.7}Pr^{1/3} \quad (4\text{-}11)$$

阻力系数计算表达式为

$$f = \frac{\Delta P}{0.5\rho v^2} \quad (4\text{-}12)$$

综合传热系数计算表达式为

$$PEC = \frac{Nu / Nu_0}{\left(f / f_0\right)^{1/3}} \tag{4-13}$$

式中：Nu_0=2.377；f_0=0.043。

4.2.1.4　边界条件设置

针对模拟的主要内容，设置数值模拟的边界条件如下：

（1）输油管道堵塞边界条件。

边界条件及初始条件的设置：①原油初始入口温度为323 K，入口压力为0.3 MPa；②管道外壁面为自然对流边界，传热系数取自参考文献[42]，为h=10W/（$m^2 \cdot K$）；③管道内壁面为耦合换热；④堵塞表面为耦合换热；⑤管道外部空气温度为293 K；⑥管道出口为自由出口边界。

（2）输油管道缺陷边界条件。

边界条件及初始条件的设置：①原油初始入口温度为323K，入口压力为0.3 MPa；②管道外壁面为自然对流边界，传热系数取自文献[42]，为h=10 W/（$m^2 \cdot K$）；③管道内壁面为耦合换热；④缺陷表面为耦合换热；⑤管道外部空气温度为293 K；⑥管道出口为自由出口边界。

为简化计算过程，对模型进行简化假设：①管内原油为不可压缩流体；②入口流速、温度等运动参数均匀分布；③壁面边界条件为无滑移边界。

4.2.2　物理模型

4.2.2.1　输油管道堵塞物理模型

使用SolidWorks软件建立管道堵塞的物理模型，主要参数如表4-1所列。表4-2为各材料的物性参数，其中原油比热容和密度取自参考文献[43]。如图4-3为管道堵塞的设计模型，主要部件由输油管和堵塞物两部分组成。管道堵塞厚度分别为10，15，20，25，30 cm，其中堵塞厚度为堵塞物的高度。

表4-1　输油管道主要参数

项目	材料	长度/m	厚度/cm	内径/m	外径/m
管道	碳钢	3	2.06	0.7718	0.813
堵塞物	碳酸钙、碳酸镁	—	10 ~ 30	—	—

表4-2   各材料的物性参数

项目	密度/ （kg·m⁻³）	比热容/ （J·kg⁻¹·k⁻¹）	导热系数/ （W·m⁻¹·k⁻¹）	动力黏度/ （×10⁻⁵N·s·m⁻²）
原油	833.7	2132	0.15	0.136
堵塞物	2750.0	590	0.05	—
碳钢	7850.0	460	45.00	—

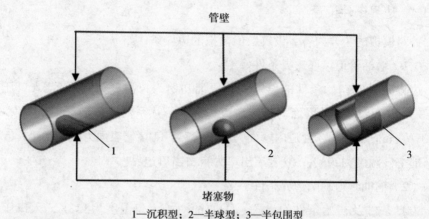

1—沉积型；2—半球型；3—半包围型

图4-3   管道堵塞模型

4.2.2.2   输油管道缺陷物理模型

使用SolidWorks软件建立管道缺陷的物理模型。管道相关数据如表4-3所列。表4-4为各材料的物性参数。表4-5为管道缺陷的设计模型，缺陷表面的材料为四氧化三铁，缺陷的长度为10 cm，深度分别为2，3，4，5，6 mm。

表4-3   输油管道主要参数

项目	材料	长度/m	厚度/cm	内径/m	外径/m
管道	碳钢	2	10.3	0.3033	0.3239

表4-4   各材料的物性参数

项目	密度/ （kg·m⁻³）	比热容/ （J·kg⁻¹·k⁻¹）	导热系数/ （W·m⁻¹·k⁻¹）	动力黏度/ （×10⁻⁵N·s·m⁻²）
原油	833.7	2132.00	0.15	0.136
四氧化三铁	5180.0	621.74	6.96	
碳钢	7850.0	460.00	45.00	

表4-5　管道缺陷模型

点型磨损	水线型磨损	条型磨损
沿管线V型裂纹	沿管线U型裂纹	绕管径U型裂纹

　　通过算例证明本书采用的Realizable k-ε模型及基于SIMPLE算法的数值模拟的正确性和有效性。李国华等利用ANSYS软件分析管道缺陷最大温差、可检测持续时间和最佳检测时间等问题，这是典型的流固热耦合问题，其中给出了较大、较小两类缺陷的最大温差求解值。本书通过计算相关模拟，所得的结果与参考文献[44]的结果相似度为93.31%，说明本书的数值模拟具有可靠性（见图4-4）。

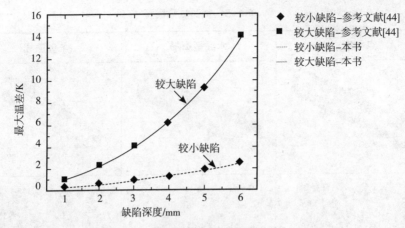

图4-4　数值解与解析解的结果对比

4.2.3　网格无关性验证

4.2.3.1　堵塞管道网格无关性验证

使用ICEM软件对模型进行网格划分，采用非结构化网格划分的方式进行四面体网格的划分，对堵塞污垢、管道入口和管道壁面进行网格加密，划分结果如图4-5所示。

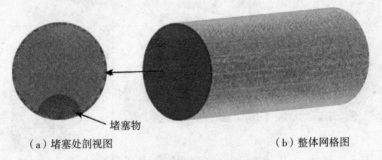

（a）堵塞处剖视图　　　　　　　　　　　（b）整体网格图

图4-5　管道堵塞模型网格示意图

经过修改网格尺寸，划分的网格数量分别为5351104，3062823，1094240，563209，212905和112275。通过表4-6进行对比分析，当网格数量为3062823时，所得结果不会发生较大变化。因此，选用该网格作为计算时的网格。

4.2.3.2　缺陷管道网格无关性验证

使用ICEM软件对模型进行网格划分，采用非结构化网格划分的方式进行四面体网格的划分，并对关键部位进行局部网格加密，划分结果如图4-6所示。

表4-6 网格无关性检验

网格数	管道外壁面最低温度/K	与最密集网格的误差
112275	313.709	0.36%
212905	313.788	0.33%
563209	313.941	0.28%
1094240	314.335	0.16%
3062823	314.782	0.02%
5351104	314.842	—

经过修改网格尺寸，划分的网格数量分别为6352004，3184353，1397242，604219，242535和105268。通过表4-7进行对比分析，当网格数量为3184353时，所得结果不会发生较大变化。因此，选用该网格作为计算时的网格。

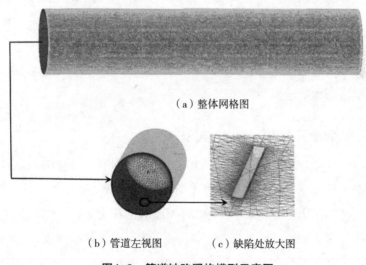

（a）整体网格图

（b）管道左视图   （c）缺陷处放大图

图4-6 管道缺陷网格模型示意图

Fluent是目前适用范围最广的数值模拟软件，其包含的层流流动、湍流流动、辐射换热等物理模型可满足大部分模拟研究的需求。Fluent软件包含两种数值求解方法，分别为基于压力求解器和基于密度求解器。其中，压力求解器适用于低速、不可压缩流体，而密度求解器适用于高速、可压缩流体。根据所研究的内容，本书采用基于压力求解器的数值求解方法。

表4-7 网格无关性检验

网格数	管道外壁面最低温度/K	与最密集网格的误差
105268	319.698	0.37%
242535	319.764	0.35%
604219	319.957	0.29%
1397242	320.347	0.17%
3184353	320.681	0.06%
6352004	320.882	—

4.3 堵塞管道数值模拟

随着石油开采的不断深入，当开采工作进入中后期，石油开采量逐渐下降，杂质增多，管道堵塞现象越发明显。堵塞现象的出现会严重影响管壁的传热和管内流体的流动。因此，为了精确掌握管道发生堵塞时工况变化对安全运行的影响，通过Fluent软件模拟得出各类堵塞对管道内流动与传热的影响，明确对管道各类参数影响最大的堵塞类型。

将实际形状进行简化，并根据其形状或形成过程将其分别命名为沉积型堵塞、半球型堵塞和半包围型堵塞。

4.3.1 沉积型堵塞模拟

为了研究沉积型堵塞对管道传热和流动性的影响，通过Fluent软件计算及分析可得在沉积型堵塞不同厚度下输油管道各类参数的变化规律。图4-7给出了当入口流速和压力分别为1.5 m/s和0.3 MPa时的压力分布云图。其中，沉积型堵塞厚度分别为10，15，20，25，30 cm。为了研究堵塞厚度对管内入口压力、中心压力和出口压力的影响，在管道内分别取X=0，1.5，3 m的3个横截面，提取截面平均压力数据，绘制压力变化曲线。

图4-7是通过模拟得到的在不同堵塞厚度情况下沉积型管道纵截面的压力分布云图。从整体上可以看出，高压区和局部低压区出现位置大致相同，均出现于堵塞前缘和凸起顶部位置，这是由于管内流体在堵塞前缘受阻，流体流速急剧下降，导致该处压力发生突变。同时，由于管道流通横截面积减小，流体流速增大，根据机械能守恒及伯努利方程可知，压力势能转化为速度势能，因此出现局部低压区。

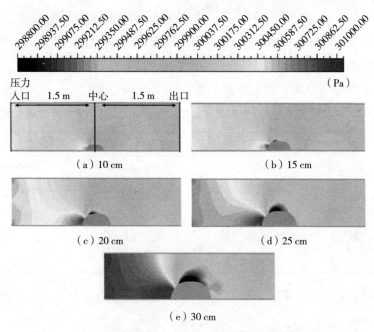

图4-7 不同堵塞厚度时沉积型堵塞管道纵截面压力分布云图

从图4-8可以看出，在入口压力为0.3 MPa时，沉积型堵塞对入口压力的影响明显大于出口压力。随着堵塞厚度的增加，管道入口压力由300391.11 Pa增加到300910.59 Pa，相比于无堵塞时，入口压力增加了0.3%。管道出口压力由300000.81 Pa降低到299997.48 Pa，出口压力降低了0.0011%。这是由于堵塞前缘流体流速的改变量大于堵塞后缘，因此管道入口压力的变化量大于管道出口压力的变化量。本书研究单个独立的堵塞物，堵塞长度较短，因此管内压力变化较小。若增大堵塞段的长度，沿管线排布多个堵塞物，则可能导致更大的管内压力变化。

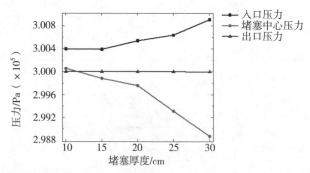

图4-8 堵塞厚度增大时沉积型堵塞入口、中心和出口截面的压力变化曲线

通过表4-8可知管道堵塞对于堵塞中心压力变化的影响最大，压力由300057.06 Pa下降到298869.84 Pa，压力下降了0.4%。随着堵塞厚度的逐渐增加，堵塞中心压力变化曲线出现明显的变化，即曲线的斜率逐渐增大，堵塞厚度20 cm是中心压力发生突变的临界值。

表4-8　不同堵塞厚度时沉积型堵塞入口、中心和出口截面的压力结果统计表

种类	厚度/cm	入口压力/Pa	堵塞中心压力/Pa	出口压力/Pa
沉积型	10	300391.11	300057.06	300000.81
	15	300401.51	299882.49	300001.21
	20	300541.79	299757.13	299999.97
	25	300641.23	299310.88	299999.67
	30	300910.59	298869.84	299997.48

图4-9给出了当入口流速和压力分别为1.5 m/s和0.3 MPa时沉积型堵塞的速度分布云图。为了研究堵塞厚度对管内入口流速、堵塞中心流速和出口流速的影响，在管道内分别取$X=0$，1.5，3 m的3个横截面，提取原油流速数据，绘制速度变化曲线。可以看出，整个管道纵截面最大流速位于堵塞凸起顶部，且周围还存在向后蔓延的放射状高流速区，低流速区位于堵塞凸起后缘管道近壁面处。随着堵塞厚度的增大，高流速区范围向尾部逐渐扩大，这是由于随着堵塞量的增大，堵塞范围也随之扩大，堵塞段流体流通横截面积变小，导致流体的

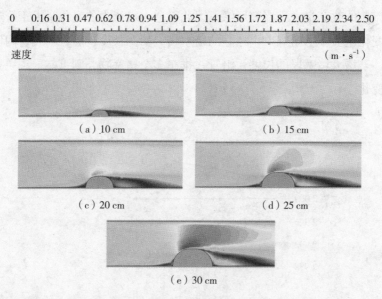

图4-9　不同堵塞厚度时沉积型堵塞管道纵截面原油速度分布云图

压力势能转化为速度势能，横截面积越小，流体的压力势能转化为速度势能越多，因此流速逐渐增大。当堵塞厚度逐渐增大到30 cm时，堵塞顶部流速急剧增加，此时堵塞中心流速为2.49 m/s。

通过表4-8可知管道堵塞对于堵塞中心压力变化的影响最大，压力由300057.06 Pa下降到298869.84 Pa，压力下降了0.4%。随着堵塞厚度的逐渐增加，堵塞中心压力变化曲线出现明显变化，即曲线的斜率逐渐增大，堵塞厚度20 cm是中心压力发生突变的临界值。

图4-9给出了当入口流速和压力分别为1.5 m/s和0.3 MPa时沉积型堵塞的速度分布云图。为了研究堵塞厚度对管内入口流速、堵塞中心流速和出口流速的影响，在管道内分别取X=0，1.5，3 m的3个横截面，提取原油流速数据绘制速度变化曲线。

图4-9是通过模拟得到不同堵塞厚度情况下沉积型管道纵截面的速度分布云图。可以看出，整个管道纵截面最大流速位于堵塞凸起顶部，且周围还存在向后蔓延的放射状高流速区，低流速区位于堵塞凸起后缘管道近壁面处。随着堵塞厚度的增大，高流速区范围向尾部逐渐扩大，这是由于随着堵塞量的增大，堵塞范围也不断扩大，堵塞段流体流通横截面积变小，导致流体的压力势能转化为速度势能，横截面积越小，流体的压力势能转化为速度势能越多，因此流速逐渐增大。当堵塞厚度逐渐增大到30 cm时，堵塞顶部流速急剧增加，此时堵塞中心流速为2.49 m/s。

从图4-10可以看出当入口流速为1.5 m/s时，沉积型堵塞对管道出口流速的影响大于入口流速，管道出口流速从1.5 m/s提高至2.11 m/s，相比于无堵塞时，速度提高了40.66%。而管道入口流速则由1.5 m/s下降到1.49 m/s，相比于无堵塞时速度下降了0.67%。

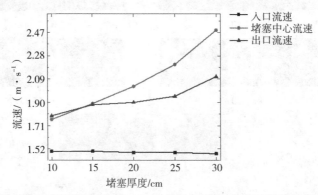

图4-10　堵塞厚度增大时沉积型堵塞入口、中心和出口截面的原油流速变化曲线

当沉积型堵塞的厚度为10 cm时，管道出口流速略小于堵塞中心流速，管道出口流速为1.79 m/s，堵塞中心流速为1.76 m/s。表4-8显示，堵塞中心压力大于出口压力，因此堵塞中心的速度势能大于管道出口原油的速度势能，即出口流速小于堵塞中心流速。不同堵塞厚度时沉积型堵塞入口、中心和出口截面的原油流速结果如表4-9所列。

表4-9　不同堵塞厚度时沉积型堵塞入口、中心和出口截面的原油流速结果统计表

种类	厚度/ cm	入口流速/ （m·s^{-1}）	堵塞中心流速/ （m·s^{-1}）	出口流速/ （m·s^{-1}）
	10	1.50	1.76	1.79
	15	1.50	1.89	1.88
沉积型	20	1.49	2.03	1.90
	25	1.49	2.21	1.95
	30	1.48	2.49	2.11

图4-11给出了当入口流速和压力分别为1.5 m/s和0.3 MPa时沉积型堵塞的管道外壁面温度分布云图。为了研究堵塞厚度对管道外壁面温度的影响，在管道底部的外壁面上分别取堵塞前缘、堵塞中心和堵塞后缘的3个点，提取温度数据，绘制温度变化曲线。可以看出，随着堵塞厚度的增加，管道外壁面的低

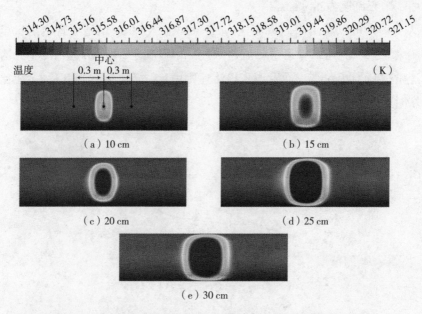

图4-11　不同堵塞厚度时沉积型堵塞管道外壁面温度分布云图

温区由堵塞中心位置逐渐向外扩大。当堵塞厚度增加到20 cm时，堵塞凸起前缘外壁面的温度开始出现较小的变化，可以观察到低温区，且随着堵塞厚度的增大，低温区范围逐渐扩大。这是由于当堵塞厚度增大到20 cm时，管道入口压力呈现快速增长的趋势，说明此时的堵塞物对管内原油具有较明显的阻流作用，因此堵塞前缘原油的流速迅速降低，导致该处温度边界层增厚，降低了此处的对流换热系数。

由图4-12可知，当堵塞厚度从10 cm逐渐增大到30 cm时，堵塞中心位置的管道外壁面温度从317.57 K下降到311.21 K，与无堵塞时相比下降了3.12%，且下降速率均匀。从图4-12可以看出，沉积型堵塞对堵塞后缘壁面温度的影响大于堵塞前缘，堵塞前缘温度从321.19 K降低至321.05 K，温度降低了0.07%。而堵塞后缘温度则由321.26 K下降到320.44 K，温度下降了0.25%。从图4-13可以看出，随着堵塞厚度的增大，沉积型堵塞的管道外壁面最大温差逐渐增大，当堵塞厚度额增大到30 cm时，最大温差为9.84 K。不同堵塞厚度时沉积型堵塞管道检测点温度结果如表4-10所列。

为了研究沉积型堵塞对管内原油流态的影响，通过CFD-Post查看管内原油流线图，分别展示了输油管道的正视图与仰视图。

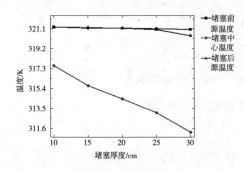

图4-12　沉积型堵塞检测点温度变化曲线

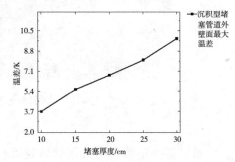

图4-13　沉积型堵塞最大温差变化曲线

表4-10　不同堵塞厚度时沉积型堵塞管道检测点温度结果统计表

种类	厚度/ cm	堵塞前缘温度/ K	堵塞中心温度/ K	堵塞后缘温度/ K	最大温差/ K
	10	321.19	317.57	321.26	3.69
	15	321.17	315.67	321.22	5.55
沉积型	20	321.16	314.41	321.15	6.75
	25	321.10	313.07	321.02	8.03
	30	321.05	311.21	320.44	9.84

　　图4-14给出了堵塞厚度为20 cm时沉积型堵塞管道流线分布云图。从流场流线分布可以看出，原油在刚进入管道时，流动状态稳定，呈均匀分布的形式。当原油流过堵塞物时，由于管道截面积突然减小，原油流速急剧升高，原油在堵塞凸起表面开始发生分离，并且在堵塞后缘形成一种锥状的稳定低速尾迹涡旋，这是堵塞后缘的真空区与高压流体形成压力差，导致原油回流而产生的。从图中可以清晰看到，堵塞后缘产生的回流对堵塞远端的流场造成了影响，且影响范围随着堵塞厚度的增大逐渐扩大。

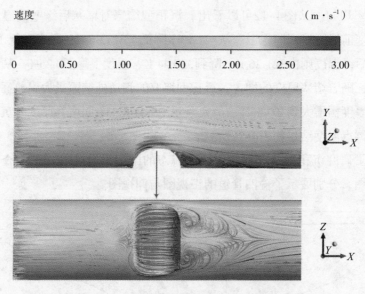

图4-14　沉积型堵塞管道流线分布云图

　　通过努塞尔数和阻力系数研究沉积型堵塞对流动与传热的影响，图4-15给出了当沉积型堵塞厚度分别为10，15，20，25，30 cm时，沉积型堵塞管道堵塞前缘与后缘的努塞尔系数和堵塞物阻力系数变化曲线图。

　　从图4-15可以看出，当入口流速和压力不变时，在堵塞厚度小于25 cm时，堵塞前缘管壁的换热能力随着堵塞厚度的增大而增大，Nu从7.87增大到11.9，增大了51.2%。当堵塞厚度从25 cm增大到30 cm时，Nu从11.9减小到11.4，这是因为当堵塞厚度增大到一定程度时，原油在该处的流速较小，导致湍流边界层厚度增大，降低了传热性能。相比于堵塞前缘，堵塞后缘的Nu随着堵塞厚度的增大而减小，Nu从4.15减小到1.01，减小了75.6%。通过比较不难发现，堵塞物对堵塞前缘Nu的影响要小于堵塞后缘。

　　通过图4-16可以看出，堵塞厚度在10～20 cm时，阻力系数增速较小，说明此时沉积型堵塞对管内原油的阻碍作用较小。而堵塞厚度为20 cm是阻力系数的突变点，此后的阻力系数增速发生突变，说明在堵塞厚度大于20 cm后，堵塞物对管内原油的阻力明显增大，表明此时堵塞物对管内原油压强分布的影响较大。随着堵塞厚度的逐渐增大，管内阻力系数逐渐增大，当堵塞厚度从10 cm增大到30 cm时，阻力系数 f 从0.32增大到0.54，增大了68.7%。

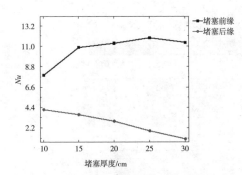

图4-15　沉积型堵塞前、后缘 Nu 变化曲线

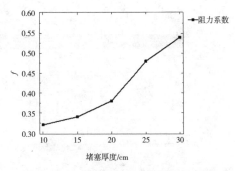

图4-16　沉积型堵塞段阻力系数变化曲线

4.3.2　半球型堵塞模拟

　　为了研究半球型堵塞对管道传热和流动性的影响，通过Fluent软件计算及分析可得在半球型堵塞不同厚度下输油管道各类参数的变化规律。图4-17给出了当入口流速和压力分别为1.5 m/s和0.3 MPa时的压力云图。其中，半球型堵塞厚度分别为10，15，20，25，30 cm。为了研究堵塞厚度对管内入口压力、中心压力和出口压力的影响，在管道内同一直线上分别取 $X=0$，1.5，3 m的3个横截面，提取截面压力数据，绘制压力变化曲线。

　　图4-17是通过模拟得到的在不同堵塞厚度情况下半球型堵塞管道纵截面压力分布云图。从整体上可以看出，半球型堵塞的管内压力分布情况与沉积型堵塞大致相同，即高压区和局部低压区位置大致相同，均出现于堵塞前缘和凸起顶部位置。与沉积型堵塞相比，半球型堵塞的高压区与低压区范围较小。当堵塞厚度相同时，半球型堵塞占管道横截面积的2.78%～28.12%，所占比例小于沉积型堵塞，因此半球型堵塞对管内压力的影响较小。

　　从图4-18可以看出，在入口压力为0.3 MPa的时，半球型堵塞对入口压力的影响大于出口压力。随着堵塞厚度的增加，管道出口压力基本保持不变，由

300000.90 Pa降低到300000.18 Pa。入口压力由300337.32 Pa增加到300646.21 Pa，相比于无堵塞时，入口压力增加了0.21%。当堵塞厚度从25 cm增大到 30 cm时管道入口压力发生突变，说明10～25 cm厚度的半球型堵塞对管道内压力的影响很小。这是由于当堵塞厚度较小时，管内原油可通过半球堵塞的两侧流过，堵塞物并未完全阻挡流体流动，因此堵塞的阻流效果并不明显。管道堵塞对于堵塞中心压力变化的影响最大，压力由300123.50 Pa下降到299516.27 Pa，压力下降了0.2%。且堵塞厚度为20 cm是中心压力发生突变的临界值。

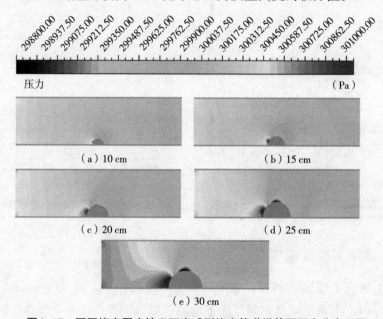

图4-17　不同堵塞厚度情况下半球型堵塞管道纵截面压力分布云图

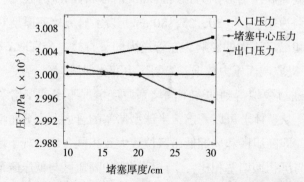

图4-18　堵塞厚度增大时半球型堵塞入口、中心和出口截面的压力变化曲线

从表4-11可知，当管道堵塞的厚度从10 cm增大到30 cm时，堵塞中心压力逐渐减小，中心压力由300123.50 Pa减小到299516.27 Pa，相比于无堵塞时，下降了483.73 Pa。

表4-11　堵塞厚度增大时半球型堵塞入口、中心和出口截面的压力结果统计表

种类	厚度/ cm	入口压力/ Pa	堵塞中心压力/ Pa	出口压力/ Pa
	10	300337.32	300123.50	300000.90
	15	300375.12	300031.66	300000.85
半球型	20	300442.24	299972.16	300000.68
	25	300458.88	299664.99	300000.26
	30	300646.21	299516.27	300000.18

　　图4-19给出了当入口流速和压力分别为1.5 m/s和0.3 MPa时半球型堵塞的速度云图。其中，半球型堵塞厚度分别为10，15，20，25，30 cm。为了研究堵塞厚度对管内入口流速、堵塞中心流速和出口流速的影响，在管道内中心线上分别取$X=0$，1.5，3 m的3个横截面，提取截面原油流速数据，绘制速度变化曲线。可以看出，整个管道纵截面最大流速位于堵塞凸起顶部，且当堵塞厚度达到20 cm后，堵塞凸起顶部开始出现较明显的放射状高流速区，说明当半球型堵塞的厚度大于20 cm时，堵塞开始对原油流速出现较明显的阻碍作用。从图4-20可以看出当入口流速为1.5 m/s时，半球型堵塞对管道出口流速的影响大于入口流速，管道出口流速从1.75 m/s提高至1.92 m/s，相比于无堵塞时，速度提高了30%。管道堵塞对管道入口流速的影响较小。

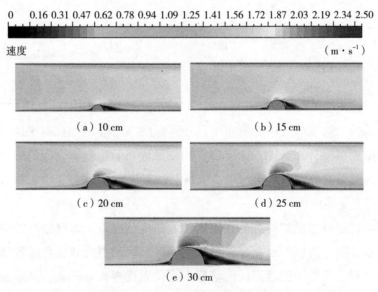

（a）10 cm　　　　　（b）15 cm

（c）20 cm　　　　　（d）25 cm

（e）30 cm

图4-19　不同堵塞厚度时半球型堵塞管道纵截面原油速度分布云图

此外，当半球型堵塞的厚度为10 cm时，管道出口流速略大于堵塞中心流速，管道出口流速为1.75 m/s，堵塞中心流速为1.69 m/s。表4-12显示，当堵塞厚度为10 cm时，出口压差大于堵塞中心压差，因此管道出口流体的速度势能大于堵塞中心的速度势能，即出口流速大于堵塞中心流速。当半球型堵塞的厚度为30 cm时，堵塞中心流速变化最大，从1.5 m/s增大到2.23 m/s，增大了48.67%。

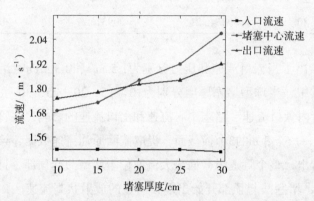

图4-20　堵塞厚度增大时沉积型堵塞入口、中心和出口截面的原油速度变化曲线

表4-12　堵塞厚度增大时沉积型堵塞入口、中心和出口截面的原油流速结果统计表

种类	厚度/ cm	入口流速/ (m · s⁻¹)	堵塞中心流速/ (m · s⁻¹)	出口流速/ (m · s⁻¹)
半球型	10	1.50	1.69	1.75
	15	1.50	1.73	1.78
	20	1.50	1.84	1.82
	25	1.50	1.92	1.84
	30	1.49	2.07	1.92

图4-21给出了当入口流速和压力分别为1.5 m/s和0.3 MPa时半球型堵塞的管道外壁面温度分布云图。为了研究堵塞厚度对管道壁面温度的影响，在管道底部外壁面上分别取堵塞前缘、堵塞中心和堵塞后缘的3个点，提取温度数据绘制温度变化曲线。

图4-21是通过模拟得到的在不同堵塞厚度情况下半球型堵塞管道外壁面温度分布云图。可以看出，半球型堵塞的低温区呈点圆状，且随着堵塞厚度的增加，管道外壁面的低温区由堵塞中心位置逐渐向外扩大。半球型堵塞对堵塞凸起前缘与后缘近壁面处的温度影响较大，这是由于半球型堵塞所占管

道的横截面积较小，且堵塞物与管壁之间留有空隙，当原油流经堵塞段时，部分原油从堵塞物的两侧空隙处流过，空隙处通道窄小，导致原油流速提高，从而提高了此处的传热系数。

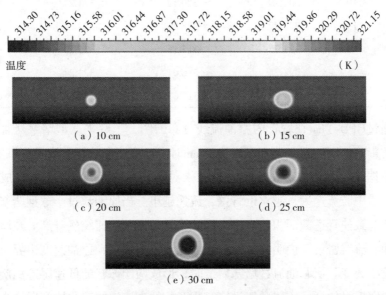

图4-21　不同堵塞厚度情况下半球型堵塞管道外壁面温度分布云图

从图4-22可以看出，当堵塞厚度逐渐增大到30 cm时，堵塞中心的管道外壁面温度为315.03 K，相比于堵塞时，管道外壁面温度下降了1.94%。随着堵塞厚度的增加，半球型堵塞的壁面中心温度逐渐降低，且下降速率均匀，堵塞前缘温度与堵塞后缘温度受影响较小，均未发生明显的变化。堵塞前缘温度从321.29 K降低至321.25 K。而堵塞后缘温度则由321.27 K下降到321.18 K。由图4-23可知，当堵塞厚度增大到30 cm时，堵塞处管道外壁面最大温差为6.22 K。不同堵塞厚度时半球型堵塞管道检测点温度结果如表4-13所列。

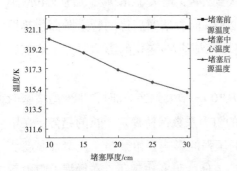

图4-22　堵塞厚度增大时半球型堵塞检测点温度变化曲线

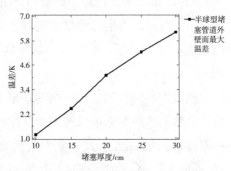

图4-23　堵塞厚度增大时半球型堵塞最大温差变化曲线

表4-13 不同堵塞厚度时半球型堵塞管道检测点温度结果统计表

种类	厚度/cm	堵塞前缘温度/K	堵塞中心温度/K	堵塞后缘温度/K	最大温差/K
半球型	10	321.29	320.12	321.27	1.17
	15	321.27	318.81	321.26	2.46
	20	321.27	317.18	321.23	4.09
	25	321.25	316.01	321.21	5.24
	30	321.25	315.03	320.18	6.22

通过CFD-Post查看管内原油流线分布云图，了解半球型堵塞对管内原油流态的影响。图4-24是堵塞厚度为20 cm时半球型堵塞的管道流线分布云图。

根据图4-24可以看出，堵塞物并未对堵塞上游段的流场流线造成较大影响，管道中心流速大，越靠近管壁，流速越小。当原油流过半球型堵塞物时，堵塞凸起致使管道截面积的减小，因此该处的原油流速突然升高。在堵塞凸起上表面，流线密集，说明此时半球表面原油流速较高，原油速度边界层在此处开始发生突变。当原油流过堵塞后缘时，形成两团球状的低速尾迹涡旋，这是由于堵塞后缘的高速流体和流过堵塞物两侧的高速流体都与堵塞后缘真空区同时形成压力差。因此，堵塞后缘受到两股高速流的影响，产生了两团涡旋。与沉积型堵塞相比，半球型堵塞涡旋的影响范围较小。

通过努塞尔数和阻力系数研究半球型堵塞对流动与传热的影响，图4-25给出了当半球型堵塞厚度分别为10，15，20，25，30 cm时，半球型堵塞管道堵塞前缘与后缘的努塞尔系数和堵塞物阻力系数变化曲线图。从图4-25可以看出，当入口流速和压力不变时，堵塞前缘管壁的换热性能随着堵塞厚度的增大而增大，Nu从3.04增大到8.39，增大了63.8%。半球型堵塞的堵塞后缘Nu呈先增大后减小的趋势，Nu先从1.57增大到2.49，增大了36.9%，后从2.49减小到1.76。因此，当半球型堵塞的厚度为20 cm时，堵塞后缘的管道壁面传热性能最大。通过观察不难发现，堵塞物对堵塞前缘Nu变化的影响要大于堵塞后缘。

通过图4-26可以看出，当堵塞厚度从10 cm增大到25 cm时，半球型堵塞的阻力系数曲线斜率基本保持不变，此时的阻力系数保持稳定增长的趋势。在堵塞厚度达到30 cm后，堵塞物对管内原油压强的影响开始减弱。当堵塞厚度从10 cm增大到30 cm时，半球型堵塞对来流流体的阻塞作用一直在增强，阻力系数f从0.25增大到0.52，增大了51.9%。

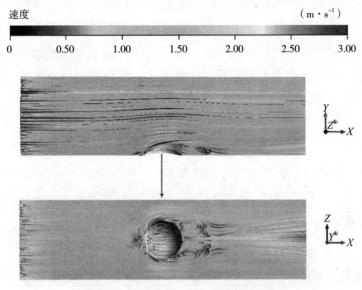

图4-24　半球型堵塞管道流线分布云图

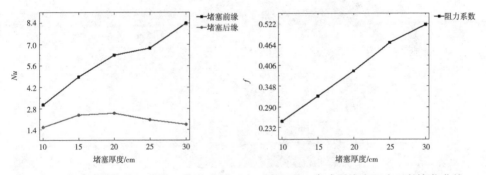

图4-25　半球型堵塞前、后缘Nu变化曲线　　图4-26　半球型堵塞阻力系数变化曲线

4.3.3　半包围型堵塞模拟

　　为了研究半包围型堵塞对管道传热和流动性的影响，通过Fluent软件计算及分析可得在半包围型堵塞不同厚度下，输油管道各类参数的变化规律。图4-27给出了当入口流速和压力分别为1.5 m/s和0.3 MPa时的压力云图。其中，半包围型堵塞厚度分别为10，15，20，25，30 cm。为了研究堵塞厚度对管内入口压力、中心压力和出口压力的影响，在管道内分别取$X=0$，1.5，3 m的3个横截面，提取截面压力数据绘制压力变化曲线。

图4-27是通过模拟得到的在不同堵塞厚度情况下半包围型堵塞管道纵截面压力分布云图。从整体上可以看出，半包围型堵塞的管内压力分布情况与沉积型堵塞大致相同，即高压区和局部低压区位置大致相同，均出现于堵塞前缘和凸起顶部位置。与沉积型堵塞相比，半包围型堵塞的高压区范围相似，而低压区范围较小。当堵塞厚度相同时，半包围型堵塞占管道横截面积的30.67%～61.98%，所占比例大于沉积型堵塞，因此半包围型堵塞对管内压力的影响较大。

从图4-28可以看出，在入口压力为0.3 MPa时，半包围型堵塞对入口压力的影响大于出口压力。随着堵塞厚度逐渐增大，管道入口压力由

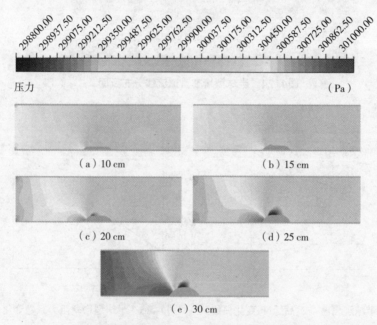

图4-27　不同堵塞厚度情况下半包围型堵塞管道纵截面压力分布云图

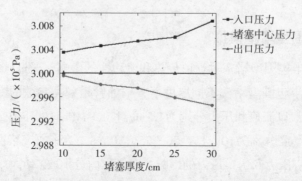

图4-28　堵塞厚度增大时半包围型堵塞入口、中心和出口截面的压力变化曲线

300451.14 Pa增加到300891.05 Pa，相比于无堵塞时，入口压力增大891.05 Pa，增加了0.32%。半包围型管道堵塞对堵塞中心压力的影响较大，压力由299954.76 Pa下降到299460.06 Pa，压力下降了0.37%，相比于无堵塞时，压力下降了539.94 Pa。不同堵塞厚度时半包围型堵塞入口、中心和出口截面的压力结果如表4-14所列。

表4-14　不同堵塞厚度时半包围型堵塞入口、中心和出口截面的压力结果统计表

种类	厚度/ cm	入口压力/ Pa	堵塞中心压力/ Pa	出口压力/ Pa
	10	300451.14	299954.76	300001.13
	15	300395.12	299807.89	300000.74
半包围型	20	300589.22	299749.54	300000.08
	25	300615.83	299588.69	299999.81
	30	300891.05	299460.06	299998.18

图4-29给出了当入口流速和压力分别为1.5 m/s和0.3 MPa时半包围型堵塞的速度分布云图。为了研究堵塞厚度对管内入口流速、堵塞中心流速和出口流速的影响，在管道内中心线上分别取$X=0$，1.5，3 m的3个截面，提取原油流速数据，绘制速度变化曲线。从图4-29可以看出，整个管道纵截面最大流速位于堵塞凸起顶部，且当堵塞厚度达到15 cm后，堵塞凸起顶部的橙红色高流速区开始向后蔓延，说明当半包围型堵塞的厚度大于15 cm时，堵塞开始出现，对原油流速出现较明显的阻碍作用。当低流速区位于堵塞凸起后缘管道近壁面处，与沉积型堵塞相比，半包围型堵塞的低流速区范围较小。

从图4-30可以看出，当入口流速为1.5 m/s时，半包围型堵塞对管道出口流速的影响大于入口流速，管道出口流速从1.5 m/s提高至2.09 m/s，相比于无堵塞时，速度提高了39.3%。

此外，从表4-15可以看出，随着堵塞厚度的增大，堵塞中心流速变化最大，相比于无堵塞时，堵塞中心流速由1.5 m/s增大到2.32 m/s，增大了54.67%，且当半包围型堵塞的厚度为30 cm时，管道高流速区范围已扩散到管道出口处，说明半包围型堵塞对原油流速的影响范围较广。

图4-31给出了当入口流速和压力分别为1.5 m/s和0.3 MPa时，半包围型堵塞的管道外壁面温度分布云图。为了研究堵塞厚度对管道外壁面温度的影响，在管道底部外壁面上分别取堵塞前缘、堵塞中心和堵塞后缘的3个点，提

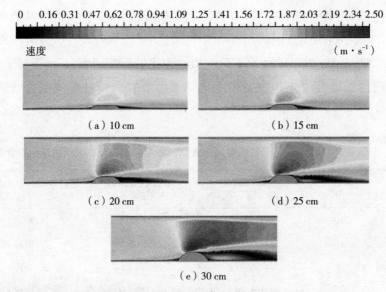

图4-29 不同堵塞厚度时半包围型堵塞管道纵截面原油速度分布云图

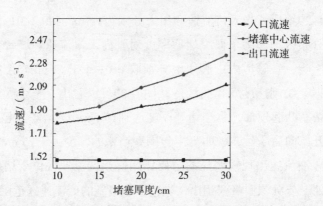

图4-30 堵塞厚度增大时半包围型堵塞入口、中心和出口截面的原油流速变化曲线

表4-15 不同堵塞厚度时半包围型堵塞入口、中心和出口截面的原油流速结果统计表

种类	厚度/ cm	入口流速/ (m · s⁻¹)	堵塞中心流速/ (m · s⁻¹)	出口流速/ (m · s⁻¹)
	10	1.50	1.86	1.79
	15	1.50	1.92	1.83
半包围型	20	1.49	2.07	1.92
	25	1.49	2.17	1.96
	30	1.48	2.32	2.09

取温度数据，绘制温度变化曲线。

　　图4–31是通过模拟得到的在不同堵塞厚度情况下半包围型堵塞管道外壁面温度分布云图。可以看出，半包围型堵塞的管道外壁面低温区呈椭圆状，且随着堵塞厚度的增加，管道外壁面的低温区由堵塞中心位置逐渐向外扩大。当堵塞厚度增加到10 cm时，堵塞凸起前缘的外壁面开始出现低温区，这是由于当堵塞厚度增大到10 cm时，堵塞面积所占比例较大，约占管道横截面积的30.67%，因此原油所受堵塞的阻碍作用较大，导致发生的堵塞部位的温度边界层增厚，即降低了此处的传热系数，因此，其堵塞中心温度要低于沉积型堵塞的中心温度。

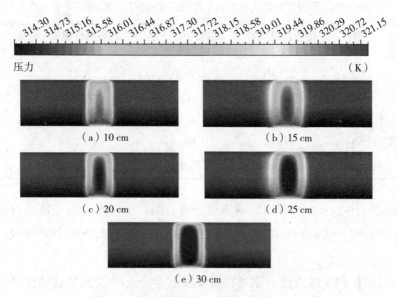

图4–31　不同堵塞厚度时半包围型堵塞管道外壁面温度分布云图

　　由图4–32可知，随着堵塞厚度逐渐增大，堵塞中心温度逐渐下降，当堵塞厚度逐渐增大到30 cm时，堵塞中心温度从316.73 K降低到309.50 K，相比于无堵塞时，温度下降了3.64%。从表4–16还可以看出，半包围型堵塞对堵塞后缘壁面温度的影响大于堵塞前缘，堵塞前缘温度从321.19 K降低至321.18 K。而堵塞后缘温度则由321.17 K下降到321.14 K。

　　从图4–33可知，随着堵塞厚度逐渐增大，半包围型堵塞管道外壁面最大温差逐渐增大，且增速稳定，最大温差从4.45 K增大到为11.69 K。不同堵塞厚度时半包围型堵塞管道检测点温度结果如表4–16所列。

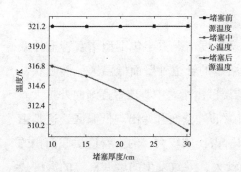 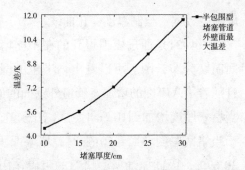

图4-32 半包围型堵塞检测点温度变化曲线　　图4-33 半包围型堵塞最大温差变化曲线

表4-16　不同堵塞厚度时半包围型堵塞管道检测点温度结果统计表

种类	厚度/ cm	堵塞前缘温度/ K	堵塞中心温度/ K	堵塞后缘温度/ K	最大温差/ K
	10	321.18	316.73	321.17	4.45
	15	321.18	315.62	321.16	5.56
半包围型	20	321.18	313.98	321.15	7.20
	25	321.19	311.80	321.14	9.39
	30	321.19	309.50	321.14	11.69

　　通过CFD-Post查看管内原油流线分布云图，了解半包围型堵塞对管内原油流态的影响。图4-34是堵塞厚度为20 cm时半包围型堵塞的管道流线分布云图。

　　根据图4-34可以看出，原油在堵塞段上游1.5 m处受到的扰动作用较小，即流动状态稳定。当原油流过半包围型堵塞物时，堵塞物黏附在管道内壁面，致使管道截面积减小，当原油的输送量保持不变时，穿过堵塞物的原油流速会迅速升高，因此堵塞凸起上表面流线密集，说明此时堵塞表面原油流速在此处开始分离。当原油流过堵塞后缘时，会出现一个横向面积较广的低速尾迹涡旋，这是因为当堵塞后缘的真空区与高压流体形成压力差时，部分原油回流所产生的低速漩涡。从图中可以清晰看到堵塞后缘产生的回流对堵塞远端的流场造成了影响，且影响范围随着堵塞厚度的增大逐渐扩大。

　　从图4-35可以看出，当入口流速和压力不变时，随着堵塞厚度的增大，堵塞前缘管壁的换热能力也随之增大，Nu从3.32增大到8.83，增大了62.4%。当堵塞厚度从25 cm增大到30 cm时，堵塞前缘管壁的Nu增长率变小，Nu从8.56

增大到8.83，仅增大了3.1%，这是因为当堵塞厚度增大到一定程度时，原油在该处的流速变化较小，导致湍流边界层厚度变化较小，即传热性能的变化较小。堵塞后缘的Nu随着堵塞厚度的增大呈现先增大后减小的趋势，Nu先从1.88增大到3.11，后减小到2.33。通过比较不难发现，堵塞物对堵塞前缘Nu的影响要小于堵塞后缘。

通过图4-36可以看出，随着堵塞厚度的增大，半包围型堵塞的阻力系数逐渐增大，且增加的速率基本保持不变。当堵塞厚度从10 cm增大到30 cm时，阻力系数f从0.18增大到0.41，增大了56.1%。

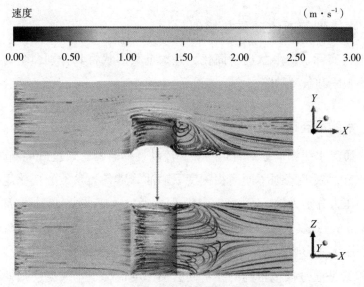

图4-34　半包围型堵塞管道流线分布云图

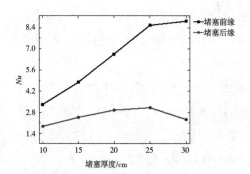

图4-35　半包围型堵塞前、后缘Nu变化曲线

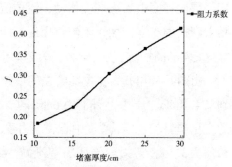

图4-36　半包围型堵塞阻力系数变化曲线

4.4 缺陷管道数值模拟

石油基础设施中普遍存在腐蚀磨损现象，尤其是石油与天然气管道。含缺陷的管道失效极有可能带来巨大的经济损失和环境污染，严重的甚至会导致管道炸裂，造成重大人员伤亡。

因此针对管道缺陷进行数值模拟，获取管道相关数据尤为重要，这些数据可用于结构的可靠性分析和预测性能。针对输油管道，通过Fluent软件模拟得出各类缺陷对管道内流动与传热的影响，以及缺陷部位压力变化、流动状态等，明确对管道各类参数影响最大的缺陷类型。

4.4.1 磨损型管道流动传热模拟

本书将实际缺陷形状进行简化，并根据其形状将其分别命名为水线型磨损、点型缺陷和条型缺陷。

4.4.1.1 水线型磨损

为了研究水线型磨损对管道传热和流动性的影响，通过Fluent软件计算及分析得出在水线型磨损不同磨损深度下输油管道各类参数的变化规律。当入口流速和压力分别为1.5 mm/s和0.3 MPa时，通过改变水线型磨损的深度2，3，4，5，6 mm，观察磨损处各点的表压力变化情况。为了研究磨损深度对磨损凹陷处表压力的影响，提取截面平均表压力数据，绘制压力变化曲线。

图4-37是通过模拟得到的在不同磨损深度情况下水线型磨损处压力分布云图。从图中看出，高压区均出现在磨损后缘位置，呈拱形分布。随着磨损深度的增加，高压区的范围逐渐扩大，这是因为磨损的后缘对管内原油有阻碍作用，因此在磨损后缘产生扰动，流体流速急剧下降，导致该处压力发生突变。随着磨损的深度增加，阻流作用逐渐明显，因此高压区范围逐渐扩大。当磨损深度为4 mm时，红色高压区扩大至磨损中心位置。

由图4-38可知，水线型磨损的后缘表压力变化最大，压力由195.21 Pa上升到274.48 Pa，压力上升了40.6%。随着磨损深度的增加，各检测点表压力曲线的变化趋势较稳定，磨损中心表压力逐渐增大，其表压力为182.33～238.84 Pa，约增大31%。磨损前缘压力逐渐减小，从170.12 Pa下降到148.59 Pa，减小12.6%。

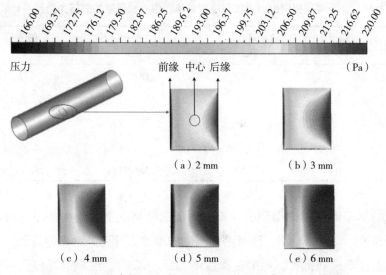

图4-37　不同磨损深度情况下水线型磨损处表压力分布云图

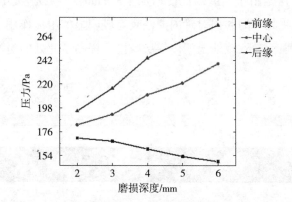

图4-38　不同磨损深度下水线型磨损各处表压力变化曲线图

从表4-17可以看出，水线型磨损的后缘表压力明显大于前缘表压力。随着磨损深度的增加，磨损后缘表压力由195.21 Pa增加到274.48 Pa，相比于无磨损时，后缘表压力增加了56.8%。磨损中心表压力逐渐增大，其表压力从182.3 Pa增大到238.84 Pa，相比于无磨损时增大了36.5%。磨损前缘压力由170.12 Pa降低到了148.59 Pa，相比于无磨损时，前缘表压力降低了15.1%。

图4-39给出了当入口流速和压力分别为1.5 m/s和0.3 MPa时水线型磨损的管道外壁面温度分布云图。其中水线型磨损深度分别为2，3，4，5，6 mm。为了研究磨损深度对管道外壁面温度的影响，在管道底部的外壁面上分别取磨损前缘，中心和磨损后缘的3个点，提取温度数据，绘制温度变化曲线。

表4-17　不同磨损深度时水线型磨损前缘、中心和后缘的表压力结果统计表

种类	深度/ mm	前缘表压力/ Pa	磨损中心表压力/ Pa	后缘表压力/ Pa
	2	170.12	182.33	195.21
	3	167.26	192.02	216.17
水线型	4	160.09	210.13	243.97
	5	153.23	220.88	259.67
	6	148.59	238.84	274.48

　　图4-39是通过模拟得到的在不同磨损深度情况下水线型磨损管道外壁面温度分布云图。可以看出，随着磨损深度的增加，管道外壁面的高温区由磨损中心位置逐渐向外扩大。当磨损深度增加到3 mm时，磨损前缘外壁面的温度开始出现较小的变化，可以观察到高温区，且随着磨损深度的增加，高温区范围逐渐扩大。这是由于当磨损深度增加至3 mm时，磨损中心压力呈现快速增长的趋势，说明此时的磨损对管内原油具有较明显的阻流作用，因此磨损中心原油的扰动增强，导致该处温度边界层减薄，提高了此处的对流换热系数。

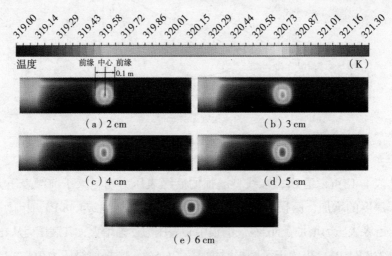

图4-39　不同磨损深度情况下水线型磨损管道外壁面温度分布云图

　　通过图4-40可以看出，随着磨损深度的增加，磨损中心温度变化最大，从321.19 K增大到321.78 K，增大了0.18%，这是由于随着磨损深度的增加，磨损处表面换热系数增大，同时，壁面减薄降低了壁面的导热热阻，因此磨损中心温度变化最大。磨损前缘温度变化最小，从320.61 K上升到320.75 K，仅提

高了0.04%，这是因为原油在磨损前缘的扰动最小，即传热系数最小，因此磨损前缘的温度变化最小。

通过表4-18可知，随着磨损深度的增加，缺陷处最大温差逐渐增大，从0.58 K增大到1.16 K。当磨损深度为2～4 mm时，磨损后缘温度略高于前缘温度。当磨损深度大于4 mm后，磨损后缘温度明显高于前缘温度。

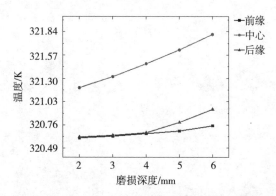

图4-40　磨损深度增大时水线型磨损检测点温度变化曲线

表4-18　不同磨损深度下水线型磨损各检测点温度结果统计表

种类	深度/ mm	磨损前缘温度/ K	磨损中心温度/ K	磨损后缘温度/ K	最大温差/ K
	2	320.61	321.19	320.62	0.58
	3	320.63	321.32	320.64	0.69
水线型	4	320.66	321.47	320.67	0.81
	5	320.69	321.63	320.79	0.98
	6	320.75	321.78	320.94	1.16

根据图4-41可以看出，原油在磨损前缘和后缘出现小范围扰动，这是由于当原油流过堵塞前缘时，流体流通截面积突然增大，掠过磨损表面的原油流速降低，而流过磨损上方的原油流速较高，因此在磨损前缘产生压差，形成漩涡。而当原油流经磨损后缘，流体在后缘受到阻碍作用，且流通截面积减小，因此该处原油流速升高且产生扰动，流线分布密集。从图中可以清晰看到磨损前缘流线分布稀疏而磨损后缘流线分布密集，说明磨损前缘产生的是低流速漩涡，而后缘产生的是高流速扰动。随着磨损深度的增加，扰动现象逐渐明显，且磨损前缘出现扰动的位置逐渐后移，扰动范围逐渐扩大。

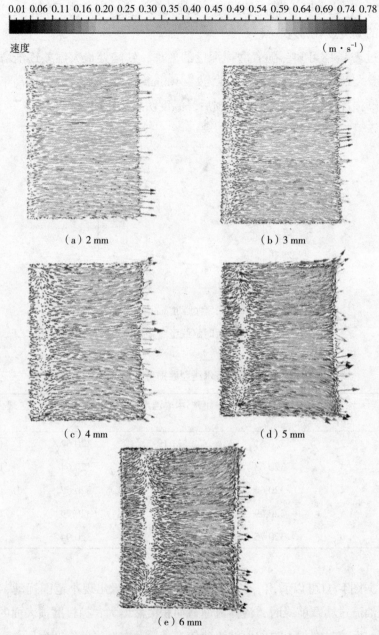

图4-41　不同磨损深度下水线型磨损凹陷处流线分布云图

当入口流速和压力不变时，改变磨损深度对磨损处各点的Nu影响如图4-42所示。从图4-42可以看出，随着磨损深度的增加，其磨损后缘与中心位置的Nu是逐渐增大的，分别为5.69～7.2和5.32～6.51，分别增大了26.5%和22.4%，而磨损前缘的Nu则逐渐降低，从4.22下降到3.74，降低了11.4%。通过观察发现，3个检测点的变化趋势稳定，说明随着磨损深度的增加，并不会增强磨损处 Nu 值的变化趋势，即流过该磨损处的流型较稳定，因此水线型磨损对流体流动状态的改变较小。

从图4-43可以清楚看到，随着磨损深度的增加，水线型磨损对来流流体有很强的阻碍作用。当原油流经磨损处时，撞击磨损的后缘段，阻力损失增加，导致该处 f 上升。随着磨损的厚度逐渐增加，f 上升的趋势逐渐明显，阻力系数从0.055上升到0.654。当水线型磨损的深度大于4 mm时，其阻力系数开始出现迅速增长的现象，说明当水线型磨损的深度大于4 mm时，该类型的磨损对来流的阻流作用更加明显。

从图4-44可知，随着磨损深度的增加，水线型磨损处 PEC 逐渐减小，从2.06下降到1.1，下降46.6%。结合图4-42和图4-43可知，随着磨损深度的增加，磨损处 Nu 值增长缓慢，而磨损处阻力系数 f 增长迅速，因此 PEC 呈下降趋势。

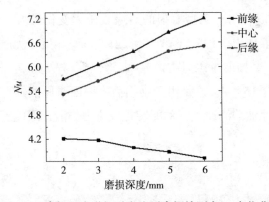

图4-42　磨损深度增加时水线型磨损检测点 Nu 变化曲线

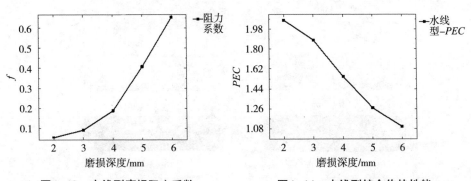

图4-43　水线型磨损阻力系数　　　　图4-44　水线型综合传热性能

4.4.1.2　条型磨损

　　为了研究条型磨损在磨损处管道壁面压力的变化，通过Fluent软件计算及分析可得知在条型磨损不同磨损深度下输油管道各检测点表压力的变化规律。其中条型磨损的深度分别为2，3，4，5，6 mm。同时，为了研究磨损深度对磨损凹陷处表压力的影响，提取截面平均表压力数据，绘制表压力变化曲线。

　　图4-45给出了当入口流速和压力分别为1.5 m/s和0.3 MPa时，不同磨损深度情况下条型磨损处表压力分布云图。从整体上可以看出高压区均出现在磨损后缘位置。此外，当磨损深度达到3 mm时，条型磨损的前缘出现了次高压区，即表明此处流场发生改变，在强化换热的同时会提高磨损的速率。随着磨损深度的增加，高压区与次高压区的范围逐渐扩大。高压区范围扩大是因为磨损的后缘对管内原油有阻碍作用，在磨损后缘产生扰动，流体流速急剧下降，该处高压区的压力发生突变，因此随着磨损的深度增加，阻流作用逐渐明显，即高压区范围逐渐扩大。

　　从图4-46可以看出，条型磨损的后缘表压力变化最大。随着磨损深度的增加，磨损后缘表压力由195.3 Pa增加到221.5 Pa，相比于无磨损时，后缘表压力增加了26.6%。磨损前缘压力由173.3 Pa降低到147.2 Pa，相比于无磨损时，前缘表压力降低了15.8%。这是由于磨损后缘壁面对原油具有阻流作用，降低了流经磨损表面原油的流速，将动能转化成压力势能，因此磨损后缘表压力大于前缘表压力。

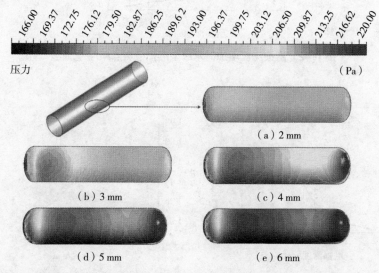

图4-45　不同磨损深度情况下条型磨损处表压力分布云图

　　由表4-19可知，随着管道磨损深度增加，磨损中心表压力逐渐增大，表压力由182.3 Pa提高到206.6 Pa，提高了13.3%，相比于无磨损时，磨损中心表压力提高了18.1%。

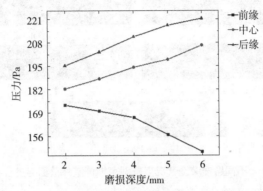

图4-46　不同磨损深度下条型磨损各处压力变化曲线图

表4-19　不同磨损深度时条型磨损前缘、中心和后缘的压力结果统计表

种类	深度/mm	前缘表压力/Pa	磨损中心表压力/Pa	后缘表压力/Pa
条型	2	173.3	182.3	195.3
	3	169.9	187.9	202.9
	4	166.3	194.3	211.3
	5	156.7	198.7	217.7
	6	147.2	206.6	221.5

　　图4-47给出了当入口流速和压力分别为1.5 m/s和0.3 MPa时条型磨损的管道外壁面温度分布云图。为研究磨损深度对管道外壁面温度的影响，在外壁面上分别取磨损前缘、磨损中心和磨损后缘的3个点，提取温度数据绘制温度变化曲线。

　　图4-47是通过模拟得到的在不同磨损深度情况下条型磨损管道外壁面温度分布云图。可以看出，随着磨损深度的增加，管道外壁面的高温区由磨损中心位置逐渐向外扩大。当磨损深度增加到3 mm时，磨损前缘外壁面的温度开始出现较小的变化，可以观察到高温区，且随着磨损深度的增加，高温区范围逐渐扩大。这是由于当磨损深度增加到3 mm时，在管道壁面减薄的同时，磨损壁面对原油的阻流效果明显，增强了原油的扰动，导致该处温度边界层减薄，提高了此处的对流换热系数，因此此时磨损中心温度开始出现突增趋势。

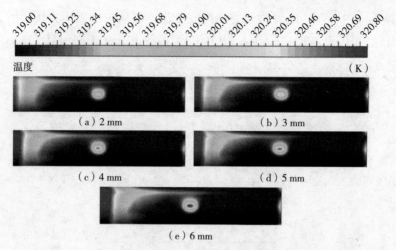

图4-47 不同磨损深度情况下条型磨损管道外壁面温度分布云图

通过图4-48可以看出，随着磨损深度的增加，磨损中心温度变化最大，从320.75 K升高到321.31 K，升高了0.17%，随着磨损深度的增加，磨损处表面换热系数增大，同时，壁面减薄降低了壁面的导热热阻，导致磨损中心温度变化最大。磨损前缘温度变化最小，从319.52 K升高到319.76 K，仅升高了0.07%，这是因为原油在磨损前缘的扰动最小，因此，此处原油与壁面间的对流换热系数最小，壁面减薄是该处温度上升的主要原因，所以磨损前缘的温度变化最小。不同磨损深度时条型磨损管道检测点温度结果如表4-20所列。

为了研究条型磨损对管道传热和流动性的影响，当入口流速和压力不变时，通过改变磨损深度，研究深度对磨损处各处的流线分布和各处Nu变化情况。

从图4-49可以看出，随着磨损深度的增加，其磨损后缘与中心位置的Nu是逐渐增大的，分别为5.5～6.57和5.32～5.57，分别增大了19.4%和10.3%，而磨损前缘的Nu则逐渐降低，从4.21下降到3.4，降低了19.2%。通过观察发现3

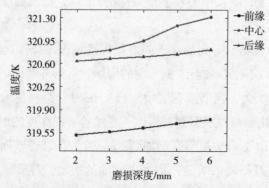

图4-48 磨损深度增加时条型磨损检测点温度变化曲线

表4-20 不同磨损深度时条型磨损管道检测点温度结果统计表

种类	深度/ cm	磨损前缘温度/ K	磨损中心温度/ K	磨损后缘温度/ K	最大温差/ K
	10	319.52	320.75	320.64	1.23
	15	319.57	320.81	320.68	1.24
条型	20	319.63	320.95	320.71	1.32
	25	319.70	321.18	320.75	1.48
	30	319.76	321.31	320.82	1.55

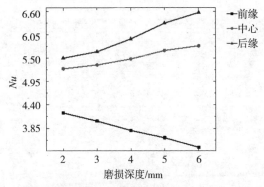

图4-49 磨损深度增加时条型磨损检测点Nu变化曲线

个检测点的变化趋势稳定，说明流过该磨损处的流型较稳定，因此条型磨损对流体流动状态的改变较小。

根据图4-50可以看出，当磨损深度为2 mm时，条型磨损处流线变化不明显。当磨损深度大于3 mm后，原油开始分别在磨损前缘和后缘位置出现扰动现象，且随着磨损深度的增加，扰动现象逐渐明显，扰动范围逐渐扩大，磨损前缘出现扰动的位置无后移现象。这说明相对于水线型磨损，条型磨损对原油的扰流作用较小。随着磨损深度增加，原油在条型磨损中间段流线分布稳定。

从图4-51可以清楚看到，原油在流经磨损处时，撞击磨损的后缘段，阻力损失增加，导致该处 f 上升。随着磨损的厚度逐渐增加，f 上升的趋势逐渐明显，阻力系数从0.05上升到0.55。从图中观察到，当水线型磨损的深度大于3 mm时，其阻力系数开始迅速增长，说明当条型磨损的深度大于3 mm时，磨损对来流的阻流作用更加明显。

由图4-52可知，随着磨损深度增加，条型磨损PEC逐渐减小，由2.10下降到1.01，总体降低了51.9%。结合图4-51和图4-52可知，当磨损深度为2～4 mm

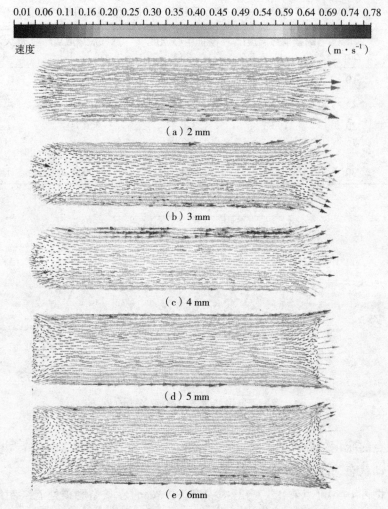

0.01 0.06 0.11 0.16 0.20 0.25 0.30 0.35 0.40 0.45 0.49 0.54 0.59 0.64 0.69 0.74 0.78

速度 （m·s⁻¹）

（a）2 mm

（b）3 mm

（c）4 mm

（d）5 mm

（e）6mm

图4-50　不同磨损深度下条型磨损凹陷处流线分布云图

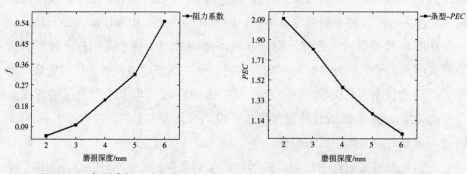

图4-51　条型磨损阻力系数

图4-52　条型磨损综合传热性能

时，条型磨损*PEC*总体趋势呈逐渐加快。而当磨损深度为4～6 mm时，条型磨损*PEC*总体趋势呈逐渐减缓，说明此时对流传热性能和原油扰动均有所增强。

4.4.1.3　点型磨损

为了研究点型磨损对管道传热和流动性的影响，通过Fluent软件计算及分析可得知在点型磨损不同磨损深度下输油管道各类参数的变化规律。其中，入口流速和入口压力不变，分别为1.5 m/s和0.3 MPa，磨损深度分别为2，3，4，5，6 mm。

为了研究磨损深度对磨损凹陷处压力的影响，提取截面平均压力数据，绘制压力变化曲线。图4-53是通过模拟得到的在不同磨损深度情况下点型磨损处压力分布云图。从整体上可以看出高压区均出现在磨损后缘位置，呈扇形分布。随着磨损深度的增加，高压区的范围逐渐扩大，由于磨损的后缘对流经的原油有阻碍作用，因此在磨损后缘产生扰动，流体流速急剧下降，导致该处压力发生突变。随着磨损的深度增加，阻流作用逐渐明显，因此高压区范围逐渐扩大。

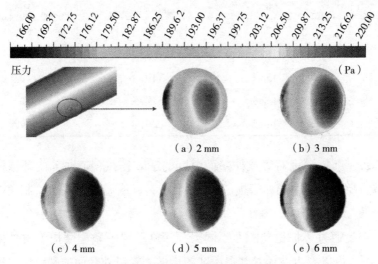

图4-53　不同磨损深度情况下点型磨损处表压力分布云图

从图4-54可以看出，点型磨损的后缘表压力最大。随着磨损深度的增加，磨损后缘表压力由200.8 Pa增加到219.4 Pa，增大了9.3%，相比于无磨损时，后缘表压力增加了25.4%。磨损前缘压力由175.1 Pa降低到143.5 Pa，相比于无磨损时，前缘表压力降低了18%。

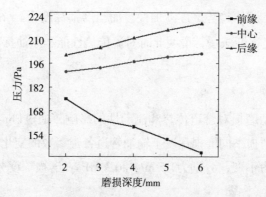

图4-54 不同磨损深度下点型磨损各处压力变化曲线图

根据表4-21可知,随着管道磨损深度增加,磨损前缘表压力变化最明显,前缘表压力下降了18.1%。而磨损中心表压力逐渐增大,表压力由191.1 Pa提高到201.8 Pa,提高了5.6%,相比于无磨损时,磨损中心表压力提高了15.3%。

表4-21 不同磨损深度时点型磨损前缘、中心和后缘的压力结果统计表

种类	深度/mm	前缘表压力/Pa	磨损中心表压力/Pa	后缘表压力/Pa
	2	175.1	191.1	200.8
	3	162.5	193.4	205.2
点型	4	158.7	197.1	210.9
	5	151.2	199.8	215.6
	6	143.5	201.8	219.4

为了研究磨损深度对管道外壁面温度的影响,在管道底部的外壁面上分别取磨损前缘、磨损中心和磨损后缘的3个点,提取温度数据,绘制温度变化曲线。

图4-55是通过模拟得到的在不同磨损深度情况下条型磨损管道外壁面温度分布云图。可以看出,随着磨损深度的增加,管道外壁面的高温区由磨损中心位置逐渐向外扩大。当磨损深度增加到3 mm时,磨损前缘外壁面的温度开始出现较小的变化,可以观察到高温区,且随着磨损深度的增加,高温区范围逐渐扩大。这是由于当磨损深度增加到2 mm时,磨损中心压力呈现快速增长的趋势,说明此时的磨损对管内原油具有较明显的阻流作用,磨损中心原油的扰动增强,导致该处温度边界层减薄,提高了此处的对流换热系数。

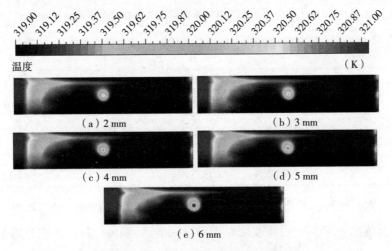

图4-55 不同磨损深度情况下条型磨损管道外壁面温度分布云图

根据图4-56可知,随着磨损深度逐渐增大,管道外壁面磨损处各检测点的温度随之升高,点型磨损的中心温度最加,从320.21 K增大到320.99 K,增大了0.24%,这是由于随着磨损深度的增加,原油在流经点型磨损的凹槽时,凹槽结构破坏了原油流动边界层,强化了原油与壁面的换热,同时,壁面减薄降低了壁面的导热热阻,因此磨损中心温度最高。磨损前缘温度变化最小,从319.20 K上升到319.57 K,仅提高了0.11%,这是因为原油在磨损前缘的扰动最小,即传热系数最小,因此磨损前缘的温度变化最小。

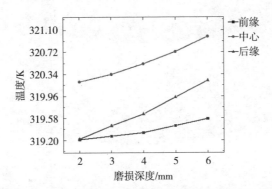

图4-56 磨损深度增加时点型磨损检测点温度变化曲线

根据表4-22可知,随着磨损深度的增加,管道外壁面最大温差逐渐增大,最大温差由1.01 K增大到1.42 K。当磨损深度大于3 mm后,磨损后缘壁面温度明显高于前缘温度。

表4-22 不同磨损深度时点型磨损管道检测点温度结果统计表

种类	深度/ mm	磨损前缘温度/ K	磨损中心温度/ K	磨损后缘温度/ K	最大温差/ K
	2	319.20	320.21	319.22	1.01
	3	319.27	320.34	319.45	1.07
点型	4	319.33	320.52	319.65	1.19
	5	319.45	320.73	319.94	1.28
	6	319.57	320.99	320.23	1.42

根据图4-57可以看出，当磨损深度为2～3 mm时，原油流经磨损处，原油的流速及流向并未发生明显改变。当磨损深度达到4 mm时，原油开始在磨损

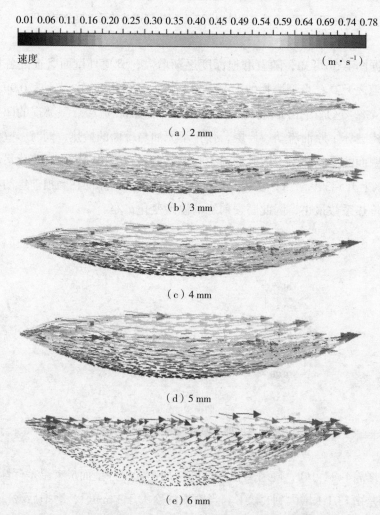

（a）2 mm

（b）3 mm

（c）4 mm

（d）5 mm

（e）6 mm

图4-57 不同磨损深度下点型磨损凹陷处流线分布云图

中心产生较明显的扰动，有明显的速度边界层，且磨损中心流线分布密集，说明中心区域扰动最强。当磨损深度达到6 mm时，由于磨损上方原油与近壁面的低速原油产生压力差，此时流体流向分布出现混乱，流体扰动进一步加强，有形成漩涡的趋势。

当入口流速和压力不变时，改变磨损深度对磨损处各点的Nu影响如图4-58所示。从图4-58可以看出，随着磨损深度的增加，磨损后缘与中心位置的Nu逐渐增大，分别为5.38～6.43和5.26～6.01，分别增大了19.5%和14.2%，而磨损前缘的Nu则逐渐降低，从4.28下降到3.49，降低了18.5%。

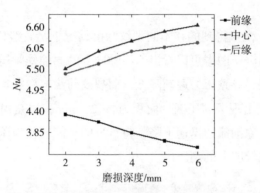

图4-58 磨损深度增大时点型磨损检测点Nu变化曲线

从图4-59可以清楚看到，随着磨损深度的增加，点型磨损处逐渐增大。阻力系数从0.059上升到0.383，阻力系数增大约5.5倍。

从图4-60可知，随着磨损深度增加，点型磨损PEC逐渐减小，由1.99下降到1.22，总体降低了38.7%。结合图4-59和图4-60可知，当磨损深度从2 mm增加到3 mm时，点型磨损PEC下降迅速。而当磨损深度为3～6 mm时，点型磨损PEC总体趋势逐渐减小，说明当磨损深度大于3 mm时，点型磨损处对流传热性能和原油扰动均有所增强。

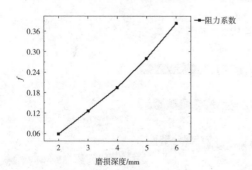

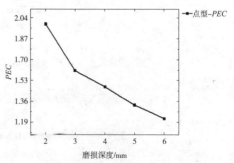

图4-59 点型磨损阻力系数   **图4-60 点型磨损综合传热性能**

4.4.2 裂纹型管道流动传热模拟

4.4.2.1 沿管线U型裂纹

为了研究沿管线U型裂纹对管道传热和流动性的影响，通过Fluent软件计算及分析得出在沿管线U型裂纹不同裂纹深度下输油管道各类参数的变化规律。当入口流速和压力分别为1.5 m/s和0.3 MPa时，通过改变沿管线U型裂纹的深度2，3，4，5，6 mm，观察裂纹处各点的表压力变化情况。为了研究裂纹深度对裂纹凹陷处表压力的影响，提取截面平均表压力数据，绘制压力变化曲线。

图4-61是通过模拟得到的在不同裂纹深度情况下沿管线U型裂纹处局部放大的压力分布云图。从图中可以看出，沿轴向上的原油受管道壁面黏性阻力影响，能量逐渐消耗，导致压力逐渐降低。而裂纹前缘与后缘均有明显的逆压梯度，裂纹后缘位置出现了高压区，面积为$4 \sim 22 \ mm^2$，这是由于原油受到裂纹后缘壁面阻挡时，原油流速迅速下降，将自身的动能转化为压力势能，因此在裂纹后缘壁面出现较明显的高压区。

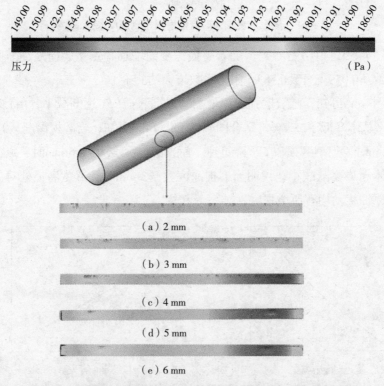

图4-61　不同裂纹深度情况下沿管线U型裂纹处表压力分布云图

通过图4-62可知沿管线U型裂纹的后缘表压力变化最大，压力由167.18 Pa上升到186.77 Pa，压力上升了11.7%。随着裂纹深度的增加，中心点表压力逐渐增大，但变化较小，其表压力为166.22～168.52 Pa，约增大1.4%。裂纹前缘压力逐渐减小，从161.27 Pa下降到146.80 Pa，约减小9%。

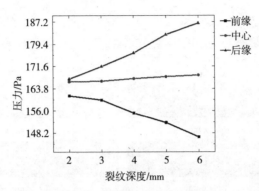

图4-62 不同裂纹深度下沿管线U型裂纹各处表压力变化曲线图

从表4-23可以看出，沿管线U型裂纹的后缘表压力明显大于中心表压力。随着裂纹深度的增加，裂纹后缘表压力最大增加到186.77 Pa，相比于无裂纹时，后缘表压力增加了13.2%。裂纹中心表压力逐渐增大，其表压力最大增大到168.52 Pa，相比于无裂纹时增大了2.1%。

表4-23 不同裂纹深度时沿管线U型裂纹前缘、中心和后缘的表压力结果统计表

种类	深度/mm	前缘压力/Pa	裂纹中心压力/Pa	后缘压力/Pa
	2	161.27	166.22	167.18
	3	159.82	166.40	171.51
沿管线U型裂纹	4	155.19	167.29	176.24
	5	151.86	167.96	182.71
	6	146.80	168.52	186.77

图4-63给出了当入口流速和压力分别为1.5 m/s和0.3 MPa时沿管线U型裂纹的管道外壁面温度分布云图。为了研究裂纹深度对管道外壁面温度的影响，在管道底部的外壁面上分别取裂纹前缘、中心和裂纹后缘的3个点，提取温度数据，绘制温度变化曲线。

图4-63是通过模拟得到的在不同裂纹深度情况下沿管线U型裂纹管道外壁面温度分布云图。可以看出，随着裂纹深度的增加，管道外壁面的高温区由裂

纹中心位置逐渐向外扩大。当裂纹深度增加到4 mm时，裂纹前缘外壁面的温度发生较大变化，可以观察到高温区，且随着裂纹深度的增加，高温区范围逐渐扩大。随着裂纹深度增加，裂纹对管内原油的扰动增强，导致该处温度边界层减薄，提高了此处的对流换热系数，因此管道外壁面的温度逐渐上升。

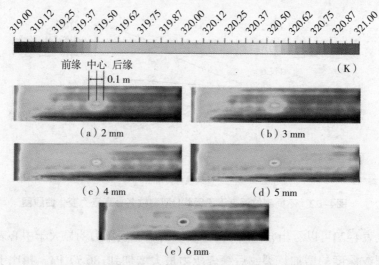

图4-63 不同裂纹深度时沿管线U型裂纹管道外壁面温度分布云图

通过图4-64可以观察到，随着裂纹深度的增加，裂纹中心温度变化最大，从320.47 K升高到320.88 K，升高了0.13%，这是由于随着裂纹深度的增加，裂纹中心壁面减薄程度最大，同时，伴随着该处表面换热系数增大，导致裂纹中心温度变化最大。裂纹前缘温度变化最小，从320.46 K升高到320.78 K，仅升高了0.04%，这是因为原油在裂纹前缘的扰动最小，即传热系数最小，因此裂纹前缘的温度变化最小。不同裂纹深度下沿管线U型裂纹各检测点温度结果如表4-24所示。

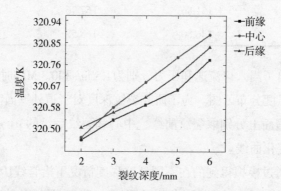

图4-64 裂纹深度增大时沿管线U型裂纹检测点温度变化曲线

表4-24　不同裂纹深度下沿管线U型裂纹各检测点温度结果统计表

种类	厚度/mm	裂纹前缘温度/K	裂纹中心温度/K	裂纹后缘温度/K	最大温差/K
沿管线U型裂纹	2	320.46	320.47	320.51	0.05
	3	320.54	320.55	320.57	0.03
	4	320.60	320.72	320.63	0.12
	5	320.66	320.79	320.72	0.13
	6	320.78	320.88	320.83	0.12

图4-65为不同裂纹深度下沿管线U型裂纹凹陷处流线图分布云图。从图中可以看出，原油在裂纹前缘和后缘均出现漩涡，漩涡方向为顺时针，这是由于当原油流过堵塞前缘时，流体流通截面积突然增大，掠过裂纹表面的原油流速降低，而流过裂纹上方的原油流速较高，因此在裂纹前缘产生压差，形成顺时针漩涡。当原油流经裂纹后缘，流体在后缘受到阻碍作用，且流通截面积减小，因此该处原油流速升高且产生扰动，流线分布密集。从图中可以清晰看到，当裂纹深度增加到5 mm时，裂纹后缘漩涡不再稳定，近壁面温度边界层遭到破坏，这将会导致裂纹的后缘导热系数增速进一步提升。而裂纹前缘漩涡一直稳定存在，漩涡中心位置随着裂纹深度的增加而逐渐向上移动，意味着随着裂纹深度的增加，裂纹前缘上半部分磨损开裂的可能性要大于下半部分。

当入口流速和压力不变时，改变裂纹深度对裂纹处Nu的影响如图4-66所示。从图4-66可以看出，随着裂纹深度的增加其裂纹处Nu逐渐增大，由8.46增大到9.61，增大了13.6%。

从图4-67可以清楚看到，随着裂纹深度的增加，阻力损失增加，因此裂纹的阻力系数逐渐增大，但阻挡面积有限，因此实际上裂纹的阻力系数值较小，仅从0.026增大到0.08，增大了约2.1倍。

从图4-68可知，随着裂纹深度的增加，沿管线U型裂纹处PEC呈下降趋势，从5.89下降到2.17，下降了63.6%。结合图4-67和图4-68可知，随着裂纹深度的增加，裂纹处Nu增速较小，仅增大13.6%，而裂纹处阻力系数增大了约2.1倍，因此沿管线U型裂纹的PEC呈下降趋势，其PEC从5.89减小到2.17，减小了63.2%。

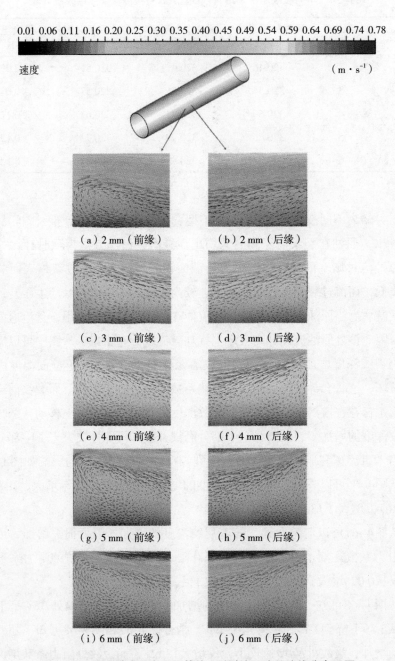

图4-65　不同裂纹深度下沿管线U型裂纹凹陷处流线分布云图

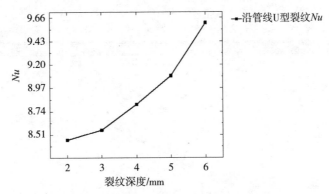

图4-66　裂纹深度增大时沿管线U型裂纹检测点Nu变化曲线

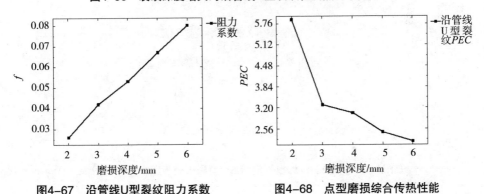

图4-67　沿管线U型裂纹阻力系数　　　图4-68　点型磨损综合传热性能

4.4.2.2　沿管线V型裂纹

　　为了研究沿管线V型裂纹对管道传热和流动性的影响，通过Fluent软件计算及分析得出在沿管线V型裂纹不同裂纹深度下输油管道各类参数的变化规律。当入口流速和压力分别为1.5 m/s和3 MPa时，通过改变沿管线V型裂纹的深度2，3，4，5，6 mm，观察裂纹处各点的表压力变化情况。为了研究裂纹深度对裂纹凹陷处表压力的影响，提取截面平均表压力数据，绘制压力变化曲线。

　　图4-69是通过模拟得到的在不同裂纹深度情况下沿管线V型裂纹处局部放大的压力分布云图。从整体上可以看出，随着裂纹深度的增加，沿管线V型裂纹处的压力分布梯度逐渐明显，总体压力梯度变化为沿管线方向逐渐降低。此外，由于管道截面的突扩与突缩产生流动分离，裂纹的前缘与后缘部位均出现逆压梯度区，范围为4～22 mm^{2}之间。随着裂纹深度的增加，阻流作用逐渐明显，因此裂纹后缘逆梯度范围逐渐扩大。当裂纹深度大于4 mm时，沿管线V型裂纹压力梯度发生明显的突变。当裂纹深度达到6 mm时，裂纹前缘与后缘的最大压差在82.5 Pa左右。

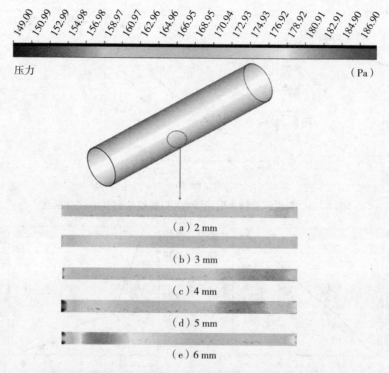

图4-69 不同裂纹深度时沿管线V型裂纹处表压力分布云图

通过图4-70可知，沿管线V型裂纹的后缘表压力变化最大，压力由176.04 Pa上升到224.78 Pa，上升了27.7%。随着裂纹深度的增加，管道突扩截面积逐渐增大，使得原油流经裂纹表面时流速降低，导致原油的动能转化为压力势能，因此裂纹中心表压力逐渐增大，其表压力从169.44 Pa增大到196.76 Pa，约增大16.1%。受逆压梯度的影响，裂纹前缘压力逐渐减小，从155.91 Pa下降到142.29 Pa，减小8.73%。

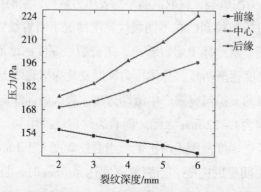

图4-70 不同裂纹深度下沿管线V型裂纹各处表压力变化曲线图

表4-25　不同裂纹深度时沿管线V型裂纹前缘、中心和后缘的表压力结果统计表

种类	深度/mm	前缘表压力/Pa	裂纹中心表压力/Pa	后缘表压力/Pa
沿管线V型裂纹	2	155.91	169.44	176.04
	3	152.40	173.01	183.71
	4	149.25	179.86	197.68
	5	146.90	189.67	209.04
	6	142.29	196.76	224.78

从表4-25可以看出，沿管线V型裂纹的后缘表压力明显大于前缘表压力。随着裂纹深度的增加，裂纹后缘表压力最大增大到224.78 Pa，相比于无裂纹时，后缘表压力增大了28.4%。裂纹中心表压力最大增大到196.76 Pa，相比于无裂纹时增大了12.4%。

图4-71给出了当入口流速和压力分别为1.5 m/s和0.3 MPa时沿管线V型裂纹的管道外壁面温度分布云图。其中，沿管线V型裂纹深度分别为2，3，4，5，6 mm。为了研究裂纹深度对管道外壁面温度的影响，在管道底部的外壁面上分别取裂纹前缘，中心和裂纹后缘的3个点，提取温度数据，绘制温度变化曲线。

图4-71是通过模拟得到的在不同裂纹深度情况下沿管线V型裂纹管道外壁面的温度分布云图。可以看出，随着裂纹深度的增加，管道外壁面的高温区由

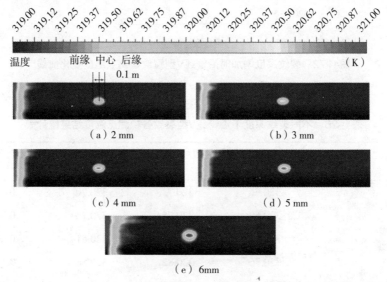

（a）2 mm　　（b）3 mm

（c）4 mm　　（d）5 mm

（e）6mm

图4-71　不同裂纹深度时沿管线V型裂纹管道外壁面温度分布云图

裂纹中心位置逐渐向外扩大。当裂纹深度增加到3 mm时，裂纹前缘外壁面的温度开始出现明显的变化，可以观察到高温区，且随着裂纹深度的增加，高温区逐渐由中心向周围扩大。当裂纹深度增加到6 mm时，高温区范围扩大到20 cm²左右，说明此时的裂纹对管内原油具有较明显的扰流作用，导致该处温度边界层减薄，提高了此处的对流换热系数。

通过图4-72可以看出，随着裂纹深度的增加，裂纹后缘温度变化最大，壁面温度从320.7 K升高到320.92 K，升高了0.07%，这是由于随着裂纹深度的增加，原油在裂纹后缘扰动最剧烈，因此该处换热系数最大，同时，由于壁面变薄降低了壁面的导热热阻，因此裂纹后缘温度变化最大。此外，裂纹前缘温度变化最小，从320.66 K升高到320.81 K，仅升高了约0.05%。从图中还可以知道，当裂纹深度在2~3 mm时，壁面最高温出现在裂纹中心位置，当裂纹深度大于3 mm时，壁面最高温出现在裂纹后缘位置。不同裂纹深度下沿管线V型裂纹各检测点温度结果如表4-26所示。

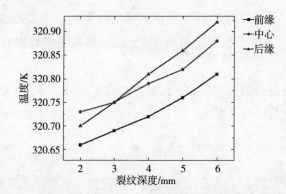

图4-72　裂纹深度增加时沿管线V型裂纹检测点温度变化曲线

表4-26　不同裂纹深度下沿管线V型裂纹各检测点温度结果统计表

种类	厚度/mm	裂纹前缘温度/K	裂纹中心温度/K	裂纹后缘温度/K	最大温差/K
	2	320.66	320.73	320.70	0.07
	3	320.69	320.75	320.76	0.07
沿管线V型裂纹	4	320.72	320.79	320.81	0.09
	5	320.76	320.82	320.86	0.10
	6	320.81	320.88	320.92	0.11

　　图4-73为不同裂纹深度下沿管线V型裂纹凹陷处流线分布云图。从图中可以看出，当裂纹深度为2~3 mm时，原油在裂纹前缘和后缘位置均出现沿顺时针方向旋转的漩涡，由于流通截面积的突扩，掠过裂纹表面的原油流速降低，由流过裂纹上方的高速原油与裂纹处近壁面的低速流所产生的压差形成漩涡，

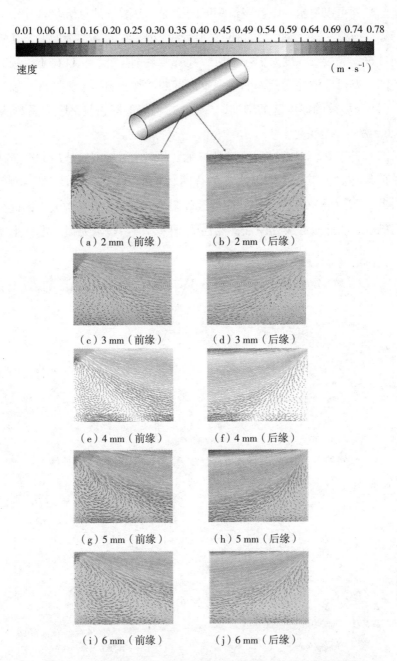

图4-73　不同裂纹深度下沿管线V型裂纹凹陷处流线分布云图

漩涡的方向为顺时针。此外，从图中还可以清晰看到当裂纹深度增加到4 mm时，漩涡消失，此时原油预混进一步增强，强化了此处的导热系数。而裂纹前缘漩涡一直稳定存在，但漩涡中心位置随着裂纹深度的增加而逐渐向上移动。

当入口流速和压力不变时，改变裂纹深度对裂纹处的Nu影响如图4-74所示。从图4-74可以看出，随着裂纹深度的增加，其裂纹处总Nu呈现先增大后减小的趋势，当裂纹深度为2～4 mm时，沿管线V型裂纹的Nu逐渐增大，其Nu最大增大到11.66，当裂纹深度大于4 mm时，其Nu则逐渐降低，从11.66下降到8.81。

从图4-75可以清楚看到，随着裂纹深度的增加，阻力损失增加，导致该处f上升。随着裂纹的厚度逐渐增加，f上升的趋势逐渐明显，阻力系数从0.068上升到0.229。

从图4-76可知，随着裂纹深度的增加，沿管线V型裂纹处PEC逐渐减小，从2.27下降到0.7，下降了69.16%。结合图4-75和图4-76可知，当裂纹深度大于4 mm时，裂纹处Nu逐渐减小，而裂纹处阻力系数f一直在增大，因此PEC呈下降趋势，表明此时裂纹处原油换热性能下降，但沿程阻力损失进一步提高。

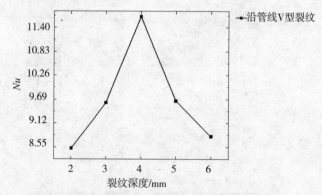

图4-74　裂纹深度增大时沿管线V型裂纹检测点Nu变化曲线

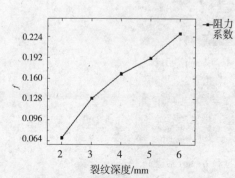

图4-75　沿管线V型裂纹阻力系数

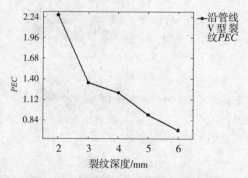

图4-76　沿管线V型裂纹综合传热性能

4.4.2.3　绕管径U型裂纹

为了研究绕管径U型裂纹对管道传热和流动性的影响，通过Fluent软件计算及分析，得出在绕管径U型裂纹不同裂纹深度下输油管道各类参数的变化规律。当入口流速和压力分别为1.5 m/s和3 MPa时，通过改变绕管径U型裂纹的深度2，3，4，5，6 mm，观察裂纹处各点的表压力变化情况。为了研究裂纹深度对裂纹凹陷处表压力的影响，提取截面平均表压力数据，绘制压力变化曲线。

图4-77是通过模拟得到的在不同裂纹深度情况下绕管径U型裂纹处压力分布云图。从整体上可以看出，绕管径U型裂纹表面压力呈逆压梯度分布的形式。由于裂纹沿管线方向上的长度只有4 mm，当原油流经裂纹时，流动未能完全发展，因此该裂纹表面压力分布主要受裂纹前缘与后缘壁面影响。随着裂纹深度的增加，阻流作用逐渐明显，因此裂纹后缘逆梯度范围逐渐扩大。当裂纹深度增加到4 mm时，绕管径U型裂纹压力梯度发生明显的突变，高压区范围扩展至裂纹中心位置。当裂纹深度达到6 mm时，裂纹前缘与后缘的最大压差在2.6 Pa左右。

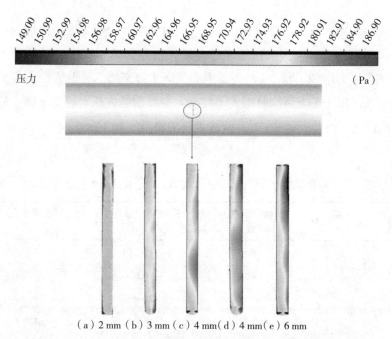

（a）2 mm（b）3 mm（c）4 mm（d）4 mm（e）6 mm

图4-77　不同裂纹深度情况下绕管径U型裂纹处表压力分布云图

通过图4-78可知，绕管径U型裂纹的后缘表压力变化最大，压力由170.62 Pa
上升到183.49 Pa，压力增大了7.5%。随着裂纹深度的增加，中心点表压力与
后缘表压力逐渐增大，两条表压力曲线斜率基本保持不变，这说明在裂纹中
心与后缘的流形并未发生明显的变化。裂纹中心表压力逐渐增大，其表压力为
160.29 ~ 167.79 Pa，约增大4.7%。裂纹前缘压力逐渐减小，从159.45 Pa下降到
148.3 Pa，减小约7%。

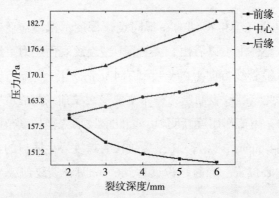

图4-78　不同裂纹深度下绕管径U型裂纹各处表压力变化曲线图

从表4-27可以看出，绕管径U型裂纹的后缘表压力明显大于前缘表压力。
随着裂纹深度的增加，裂纹后缘表压力最大增大到183.49 Pa，相比于无裂纹
时，后缘表压力增加了11.2%。裂纹中心表压力逐渐增大，其表压力最大增大
到167.79 Pa，相比于无裂纹时增大了1.7%。裂纹前缘表压力逐渐下降，最低下
降到148.3 Pa，相比于无裂纹时，前缘表压力降低了10.1%。

表4-27　不同裂纹深度时绕管径U型裂纹前缘、中心和后缘的表压力结果统计表

种类	深度/ mm	前缘表压力/ Pa	裂纹中心表压力/ Pa	后缘表压力/ Pa
绕管径 U型裂纹	2	159.45	160.29	170.62
	3	153.39	162.26	172.45
	4	150.53	164.68	176.44
	5	149.21	165.89	179.67
	6	148.30	167.79	183.49

　　图4-79给出了当入口流速和压力分别为1.5 m/s和0.3 MPa时，绕管径U型裂纹的管道外壁面温度分布云图。其中，绕管径U型裂纹深度分别为2，3，4，5，6 mm。为了研究裂纹深度对管道外壁面温度的影响，在管道底部的外壁面上分别取裂纹前缘、中心和裂纹后缘的3个点，提取温度数据，绘制温度变化曲线。

　　图4-79是通过模拟得到的在不同裂纹深度情况下绕管径U型裂纹管道外壁面温度分布云图。可以看出，随着裂纹深度的增加，管道外壁面的高温区由裂纹中心位置逐渐向外扩大。当裂纹深度增加到3 mm时，裂纹前缘外壁面的温度开始出现高温区，且随着裂纹深度的增加，高温区范围逐渐扩大，高温区最大扩增至20 cm^{2}左右，高温范围约是裂纹所占面积的3倍。

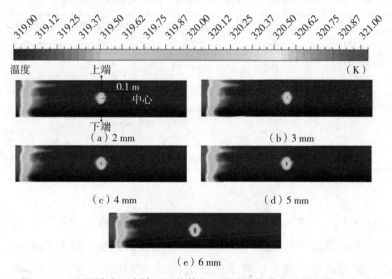

图4-79　不同裂纹深度情况下绕管径U型裂纹管道外壁面温度分布云图

　　通过图4-80可以看出，随着裂纹深度的增加，裂纹中心温度变化最大，从320.69 K升高到320.91 K，升高了0.07%，绕管径U型裂纹外壁面最高温增量很小，仅增加了0.21 K，由于沿管线方向的裂纹长度较小，仅有4 mm，换热表面积较小，且原油在裂纹处的流动并未完全发展，导致原油在此处的对流换热时间短，同时，流形变化较小，因此对流换热系数增速稳定，即温度增量很小。裂纹前缘温度变化最小，从320.5 K升高到320.6 K，仅升高了0.03%。不同裂纹深度下绕管径U型裂纹各检测点温度结果如表4-28所示。

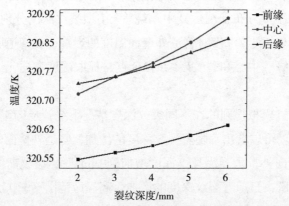

图4-80 裂纹深度增加时绕管径U型裂纹检测点温度变化曲线

表4-28 不同裂纹深度下绕管径U型裂纹各检测点温度结果统计表

种类	厚度/mm	裂纹上端温度/K	裂纹中心温度/K	裂纹下端温度/K	最大温差/K
绕管径U型裂纹	2	320.50	320.69	320.72	0.22
	3	320.52	320.74	320.74	0.22
	4	320.54	320.78	320.77	0.24
	5	320.57	320.84	320.81	0.27
	6	320.60	320.91	320.85	0.31

图4-81为不同裂纹深度下绕管径U型裂纹凹陷处流线分布云图，从图中可以看出，当裂纹深度为2 mm时，原油流经裂纹表面，受后缘壁面影响，流向发生变化，原油流速下降，但并未出现漩涡。当裂纹深度达到3 mm时，整条裂纹存在明显的漩涡，随着裂纹深度的增加，漩涡范围逐渐扩大。这是因为当突扩截面较小时，绕管径U型裂纹处并未形成压差而无法形成回流。当突扩截面逐渐增大，略过裂纹表面的原油直接打在裂纹的后缘壁面，形成回流，因此整个裂纹表面的压力呈逆压分布，形成遍布整条裂纹的条形漩涡，这也证明了图4-77绕管径U型裂纹处整体压力呈逆压分布的真实性。

当入口流速和压力不变时，改变裂纹深度对裂纹处各点Nu的影响如图4-82所示。从图4-82可以看出，随着裂纹深度的增加，该裂纹的Nu逐渐增大，Nu从8.62变化到9.57，增大了11.02%。通过观察发现，当裂纹深度从2 mm增加到了3 mm时，裂纹的Nu突增，表明此时原油在裂纹表面的流动发生明显的变化，这是因为当裂纹深度达到3 mm后，裂纹处存在漩涡，增强扰动，提高了裂纹表面的换热系数。当裂纹深度大于3 mm后，Nu增速稳定，说明此时流过该裂纹处的原油流型较稳定，因此并不会进一步强化裂纹表面与原油之间的对流换热。

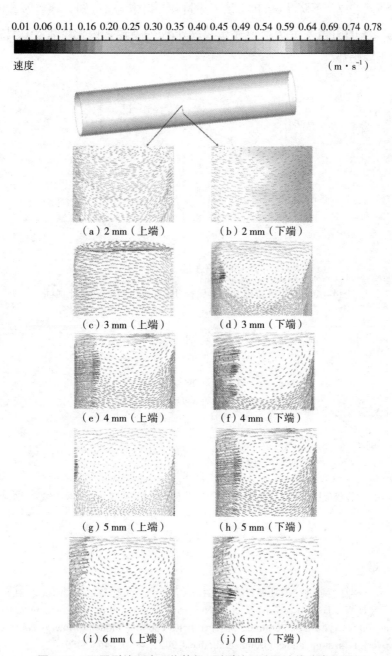

图4-81 不同裂纹深度下绕管径U型裂纹凹陷处流线分布云图

从图4-83可以清楚看到，随着裂纹深度的增加，绕管径U型裂纹对来流流体阻碍作用较小，即阻力系数 f 上升的趋势稳定，阻力系数仅从0.02上升到0.064，相较于前两种类型的裂纹，绕管径U型裂纹的阻力系数小了5倍左右。

从图4-84可知，随着裂纹深度的增加，绕管径U型裂纹处 PEC 逐渐减小，从6.8下降到2.7，下降了60.3%。结合图4-83和图4-84可知，随着裂纹深度的增加，裂纹的阻力系数 f 增速大于裂纹处 Nu 的增速，因此绕管径U型裂纹的 PEC 呈下降趋势。

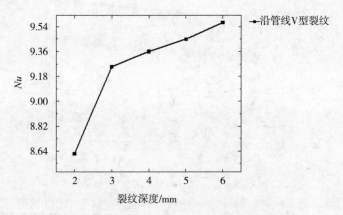

图4-82 裂纹深度增加时绕管径U型裂纹检测点 Nu 变化曲线

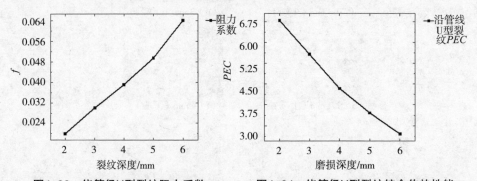

图4-83 绕管径U型裂纹阻力系数　　图4-84 绕管径U型裂纹综合传热性能

参考文献

[1] 王阳. 聚驱管道腐蚀结垢机理与防护技术分析[J]. 化学工程与装备, 2016(2): 81-83.

[2] CHEN H W, ZHANG S S, LI Y, et al. Numerical simulation of electromagnetic heating of heavy oil reservoir based on multi-physical fields coupling model[J]. Energy sources, part a: recovery, utilization, and environmental effects, 2022, 44(4): 8465-8489.

[3] 姜伟. 三元复合驱输油管结垢机理及除垢技术研究[D]. 大庆: 东北石油大学, 2013.

[4]　ALNAIMAT F, ZIAUDDIN M. Wax deposition and prediction in petroleum pipelines[J]. Journal of petroleum science and engineering, 2020, 184: 106385.

[5]　HAMMERSCHMIDT E G. Formation of gas hydrates in natural gas transmission lines[J]. Industrial & engineering chemistry, 1934, 26(8): 851-855.

[6]　DUAN X, SHI B, WANG J, et al. Simulation of the hydrate blockage process in a water-dominated system via the CFD-DEM method[J]. Journal of natural gas science and engineering, 2021, 96: 104241.

[7]　ZHANG L, DU C, WANG H, et al. Three-dimensional Numerical simulation of heat transfer and flow of waxy crude oil in inclined pipe[J]. Case studies in thermal engineering, 2022, 37: 102237.

[8]　PERMADI D, FITRI S P, BUSSE W. Simulation of double walled pipe impact to crude oil flow in subsea pipeline system[J]. International journal of marine engineering innovation and research, 2018, 2(3):199-209.

[9]　XU G, CAI L, ULLMANN A, et al. Experiments and simulation of water displacement from lower sections of oil pipelines[J]. Journal of petroleum science and engineering, 2016, 147: 829-842.

[10]　康庆华. CO_2长输管道堵塞后瞬态模拟分析[D]. 西安: 西安石油大学, 2020.

[11]　王君傲. 固液混输管道水合物堵塞数值模拟及风险评价研究[D]. 北京: 中国石油大学, 2019.

[12]　廖柯熹, 敬佩瑜, 梁曦, 等. 输气管道完全堵塞对压力与流量影响的数值模拟[J]. 油气储运, 2018, 37(11): 1230-1236.

[13]　陈小榆, 朱盼, 冯碧阳, 等. 输油管道停输期间温度场数值模拟[J]. 储能科学与技术, 2014 (2): 137-141.

[14]　肖杰, 郑云萍, 华红玲, 等. 基于SPS的输油管道典型事故瞬态工况分析[J]. 油气储运, 2013, 32(12): 1344-1346.

[15]　孙二国, 王岳, 张治国, 等. 输油管道堵塞水力瞬变模拟分析[J]. 石油化工高等学校学报, 2011, 24(1): 82-85.

[16]　崔斌, 臧国军, 赵锐. 油气集输管道内腐蚀及内防腐技术[J].石油化工设计, 2007 (1): 51-54.

[17]　刘啸奔, 张宏, 李勐, 等. 含腐蚀缺陷N80油管的剩余强度分析[J]. 腐蚀与防护, 2016, 37(11): 913-916.

[18]　常大海, 蒋连生, 肖尉, 等.输油管道事故统计与分析[J]. 油气储运, 1995, 14(6): 48-51.

[19]　EA A , BHC B , MMA C , et al. Pitting corrosion modelling of X80 steel utilized in offshore petroleum pipelines[J]. Process safety andenvironmental protection, 2020, 141:135-139.

[20]　朱开阳. Q345钢输油管道开裂原因分析[J]. 理化检验（物理分册）, 2020, 56(6): 60-62.

[21]　王琳, 范玉然, 何金昆. 某输油管道腐蚀穿孔失效原因分析[J]. 焊管, 2022, 45(3): 50-56.

[22]　SUN C, WANG Q, LI Y, et al. Numerical simulation and analytical prediction of residual strength for elbow pipes with erosion defects[J]. Materials, 2022, 15(21): 7479.

[23]　JIANG J, ZHANG H, ZHANG D, et al. Fracture response of mitred X70 pipeline with crack defect in butt weld: experimental and numerical investigation[J]. Thin-walled structures, 2022, 177: 109420.

[24]　NAGHIPOUR M, EZZATI M, ELYASI M. Analysis of high-strength pressurized pipes (API-5L-X80) with local gouge and dent defect[J]. Applied ocean research, 2018, 78: 33-49.

[25]　ZHU H, LIN P, PAN Q. A CFD (computational fluid dynamic) simulation for oil leakage

from damaged submarine pipeline[J]. Energy, 2014, 64: 887-899.

[26] KAMAL K K. Modeling the flow of crude oil in cracked pipeline[J]. 2020.

[27] SOUSA C A, ROMERO O J. Influence of oil leakage in the pressure and flow rate behaviors in pipeline[J]. Latin American journal of energy research, 2017, 4(1): 17-29.

[28] KAMAL K K, ALI J A. Pressure drop in cracked pipelines with no leakage[J]. Journal of mechanical engineering research and developments, 2021, 418-425.

[29] MANSHOOR B, KHALID A, ZAMAN I, et al. Simulation of flow characteristics for leak detection in oil and gas pipeline network[C]//AIP Conference Proceedings. AIP Publishing LLC, 2021, 2401(1): 020009.

[30] MU Z, ZHANG H G. Numerical investigation on impacts of leakage sizes and pressures of fluid conveying pipes on aerodynamic behaviors[J]. Journal of vibroengineering, 2017, 19(7): 5434-5447.

[31] 陈飞, 丁宁, 王馨怡, 等. 基于XFEM的管道表面裂纹环向扩展数值模拟[J]. 材料保护, 2022, 55(12): 47-54.

[32] 王长新, 陈金忠, 辛佳兴, 等. 基于SSA-BP神经网络的管道裂纹涡流识别研究[J]. 石油机械, 2022, 50(8): 118-125.

[33] 易斐宁, 杨叠, 王鹏宇, 等. 含根焊裂纹X80管道焊接接头应变能力数值模拟[J].油气储运, 2022, 41(4): 411-417.

[34] 刘庆刚, 张雄飞, 王文和, 等. 管道轴向穿透裂纹尖端应力强度因子数值模拟[J]. 油气储运, 2020, 39(7): 769-776.

[35] 马海龙, 王培伟. 含裂纹海底悬跨管道数值分析研究[J]. 冶金与材料, 2019, 39(4): 46-47.

[36] 吕锦杰. 天然气/石油管道的动态断裂模拟及止裂研究[D]. 江南大学, 2017.

[37] 刘维洋. 压力管道焊接热影响区裂纹扩展研究[D]. 西南石油大学, 2017.

[38] 帅健, 张宏, 许葵. 输气管道裂纹动态扩展的数值模拟[J]. 油气储运, 2004, 23(8): 5-8.

[39] 陈丽娜, 孙鑫宁, 刘海波, 等. 考虑内外壁腐蚀缺陷相互作用的油田注水管道失效压力评估[J]. 腐蚀与防护, 2021, 42(11): 75.

[40] 张伟, 王勇, 毕凤琴, 等. 腐蚀缺陷管道风险评估有限元模拟研究[J]. 腐蚀与防护, 2007, 28(12): 652-654,656.

[41] GUNN D J. Transfer of heat or mass to particles in fixed and fluidised beds[J]. International journal of heat and mass transfer, 1978, 21(4): 467-476.

[42] 朱光俊. 传输原理[M]. 北京: 冶金工业出版社, 2009: 175-176.

[43] 李才, 苏仲勋. 混合原油比热容的测定及其计算方法[J]. 油气储运, 1992, 11(3): 9-13.

[44] 李国华, 林晓凤, 高聚春, 等. 管道内壁腐蚀的红外热像无损检测的数值模拟[J]. 矿山机械, 2012, 40(9): 118-122.

[45] Gul E, SAFARI S J M, DURSUN F O , et al. Ensemble and optimized hybrid algorithms through Runge Kutta optimizer for sewer sediment transport modeling using a data pre-processing approach [J]. International journal of sediment research, 2023, 38 (6): 847-858.

[46] NI R H. A multiple-grid scheme for solving the Euler equations[J]. AIAA journal, 1982, 20(11): 1565-1571.

[47] VAN LEER B, LEE W T, ROE P L, et al. Design of optimally smoothing multistage schemes for the Euler equations[J]. Communications in applied numerical methods, 1992, 8(10): 761-769.

第 5 章
储罐传热与红外检测研究

5.1 储罐传热模型

5.1.1 数学模型

5.1.1.1 控制方程

在原油的静储温降和加热维温过程中,外部环境温度和太阳辐射等因素会影响储罐内部的温度分布。无论是静储中的温度下降,还是加热过程中的温度维持,都必须遵守三个基本的物理守恒定律:质量守恒定律、动量守恒定律、能量守恒定律。根据以上三大守恒定律,可推导出连续性方程、动量方程及能量方程。

(1)连续性方程。

在流体力学中,质量守恒方程是最常见的连续性方程,因此也被称为连续方程。该方程描述了流体在任何给定点的质量流入与流出之间的平衡关系,即质量在空间和时间上的连续性变化。

$$\frac{\partial}{\partial \tau}(\rho) + \frac{\partial}{\partial x}(\rho u) + \frac{\partial}{\partial y}(\rho v) = 0 \tag{5-1}$$

式中:ρ 为罐内油品密度,kg/m^3;τ 为非稳态传热时间,s;x,y 为横、纵坐标,m;u,v 为横向、纵向速度,m/s。

(2)动量方程。

动量方程是流体力学和固体力学中描述物体运动的重要方程之一。它表达了质点、流体或固体物体的动量随时间和空间的变化。

$$\frac{\partial}{\partial \tau}(\rho u) + \frac{\partial}{\partial x}(\rho uu) + \frac{\partial}{\partial y}(\rho vu) = -\frac{\partial P}{\partial x} + \frac{\partial}{\partial x}\left(\mu \frac{\partial u}{\partial x}\right) + \frac{\partial}{\partial y}\left(\mu \frac{\partial u}{\partial y}\right) \tag{5-2}$$

$$\frac{\partial}{\partial \tau}(\rho v) + \frac{\partial}{\partial x}(\rho u v) + \frac{\partial}{\partial y}(\rho v v) = -\frac{\partial P}{\partial y} + \frac{\partial}{\partial x}\left(\mu \frac{\partial v}{\partial x}\right) + \frac{\partial}{\partial y}\left(\mu \frac{\partial v}{\partial y}\right) + \rho g \qquad (5-3)$$

式中：ρ 为罐内油品受到的静压力，Pa；μ 为剪切应力和速度梯度间的正比常数，Pa·s；g 为重力加速度，m/s²。

（3）能量方程。

能量方程是描述物体内部能量转换和传递过程的方程。在流体力学中，能量方程描述了流体的能量随时间和空间的变化，考虑了内能、动能、势能以及外部对流体施加的功率等因素。一般而言，能量方程可以分为两个主要部分：对流传输项和能量转换项。能量守恒的温度方程可写为

$$\frac{\partial}{\partial \tau}(\rho c_p T_{oil}) + \frac{\partial}{\partial x}(\rho c_p u T_{oil}) + \frac{\partial}{\partial y}(\rho c_p v T_{oil}) = \frac{\partial}{\partial x}\left(\lambda \frac{\partial T_{oil}}{\partial x}\right) + \frac{\partial}{\partial y}\left(\lambda \frac{\partial T_{oil}}{\partial y}\right) \quad (5-4)$$

式中：T_{oil} 为罐内油品温度，℃；c_p 为罐内油品比热容，J·(kg·℃)⁻¹；λ 为油品导热系数，W·(m·℃)⁻¹。

在原油浮顶罐中，由于流体对流和导热引发流动，因此速度变化区域容易产生湍流，促使流动介质的动量、能量和浓度发生交换，并伴随波动。Fluent软件中有多种湍流模型，包括标准 k-ε 模型、RNG k-ε 模型、Realizable k-ε 模型等，结合多种因素综合考虑选择湍流模型中应用最为普遍的一个模型——标准 k-ε 模型，该模型是工程实践流体动力学仿真模拟中的通常选择，因简单性、适用性和计算效率高等优势而受到广泛选择。标准 k-ε 模型假设湍流是均匀且各向同性的，通过解湍流动能和湍流耗散率方程来计算湍流粘度，然后使用Boussinesq假设来估算雷诺应力。

$$\frac{\partial}{\partial \tau}(\rho k) + \frac{\partial}{\partial x}(\rho u k) + \frac{\partial}{\partial y}(\rho v k) = \frac{\partial}{\partial x}\left(\frac{\partial}{\partial \varepsilon}\left(\mu + \rho C_\mu \frac{k^2}{\varepsilon}\right) + \frac{\partial}{\partial x}\varepsilon\right) +$$
$$\frac{\partial}{\partial y}\left(\frac{\partial}{\partial \varepsilon}\left(\mu + \rho C_\mu \frac{k^2}{\varepsilon}\right)\frac{\partial k}{\partial y}\right) + G_k - \rho \varepsilon \qquad (5-5)$$

式中：G_k 为速度梯度产生的湍动能；μ 为湍流黏性系数。

5.1.1.2 边界条件

静态边界：

原油浮顶罐的左侧壁和土壤的左边界被定义为轴对称边界（$x=0$，

$0 \leqslant y \leqslant H_1+H_2$ ）：

$$\frac{\partial T}{\partial x} = 0 \tag{5-6}$$

原油浮顶罐顶部和侧壁面的保温材料，暴露在空气中，共同构成第三边界条件（$0 \leqslant x \leqslant L_1$，$y=H_1+H_2$）：

$$-\lambda_{\text{top}} \frac{\partial T}{\partial y} = h\tau_0 \left(T_{\text{top}} - T_{\text{top-air}}\right) \tag{5-7}$$

保温材料的外部（$x=L_1$，$H_2 \leqslant y \leqslant H_1+H_2$）：

$$-\lambda_{\text{wall}} \frac{\partial T}{\partial x} = h_{\text{wall}} \left(T_{\text{wall}} - T_{\text{wall-air}}\right) \tag{5-8}$$

第三边界条件包含了浮顶罐的上壁面、保温材料的外表面以及与大气相互作用的土壤表面。同时，土壤的下表面和右侧被分别指定为恒温边界和绝热边界。下面提供了描述这些边界条件的数学表达式。

土壤–大气边界（$L_1 \leqslant x \leqslant L_1+L_2$，$y=H_2$）：

$$-\lambda_{\text{soil}} \frac{\partial T}{\partial y} = h_{\text{soil}} \left(T_{\text{soil}} - T_{\text{soil-air}}\right) \tag{5-9}$$

底部土壤边界（$L_1 \leqslant x \leqslant L_1+L_2$，$y=H_2$）：

$$T=T_{\text{soil}} \tag{5-10}$$

土壤右侧边界（$x=L_1+L_2$，$0 \leqslant y \leqslant H_2$）：

$$\frac{\partial T}{\partial x} = 0 \tag{5-11}$$

式中：$T_{\text{top-air}}$ 为原油浮顶罐顶部太阳辐射能量以及综合环境空气温度，℃；$T_{\text{wall-air}}$ 为原油浮顶罐侧壁的太阳辐射能量以及综合环境空气温度，℃；$T_{\text{soil-air}}$ 为与大气接触的表面的太阳辐射能量和综合环境空气温度，℃。原油储罐罐壁的对流换热系数表达如下：

$$h_{\text{top}} = h_{\text{wall}} = h_{\text{soil}} = 11.63 + 7.0\sqrt{v} \tag{5-12}$$

式中：v 为平均风速，m/s。

周期性边界：

考虑到罐顶吸收辐射热的能力，阳光垂直方向单位吸收的太阳辐射热通量 q_0 可以按照以下方式计算：

$$q_0 = \mathrm{I} \cdot \varphi^{\frac{1}{\cos\theta}} \left(1 + \sigma m \ln\varphi\right) \cdot \eta \tag{5-13}$$

式中：I 为太阳常数（由实际观测确定），I=1367 W/m²；φ 为大气透明系数，其值为 0.7～0.8；θ 为太阳在中午时的天顶角；σ 为白昼时长相关系数，在日长为 8～16 h，其值应为 0.346～0.391；m 为是大气质量系数，$m=2/\cos\theta$；η 为罐体浮顶的吸收率。

根据朗伯特定律，罐顶单位面积上的太阳辐射热通量由以下公式确定：

$$Q_{tf} = q_0 \frac{F_{tf}^{'}}{F_{tf}} = \mathrm{I} \cdot \varphi^{\frac{1}{\cos\theta}} \left(1 + \sigma m \ln\varphi\right) \cdot \eta \cos\theta \sin\frac{\pi\left(\omega\tau - \omega\tau_0\right)}{2\left(\pi - \omega\tau_0\right)} \tag{5-14}$$

$$Q_{tw} = q_0 \frac{F_{tw}^{'}}{F_{tw}/2} = 2\frac{\mathrm{I} \cdot \varphi^{\frac{1}{\cos\theta}} \left(1 + \sigma m \ln\varphi\right) \cdot \eta}{\pi} \cdot \left[1 - \left(1 - \sin\theta\right)\sin\frac{\pi\left(\omega\tau - \omega\tau_0\right)}{2\left(\pi - \omega\tau_0\right)}\right] \tag{5-15}$$

一天内土壤温度和环境温度的峰值通常出现在下午 1—2 点。最低温度通常在日出附近，其周期性变化可以用近似余弦函数表示。因此，任意时刻的环境温度和土壤温度可以表示如下：

$$T_{\text{en}} = \overline{T}_{\text{en}} - \frac{\Delta T_{\text{en}}}{2} \cos\omega\left(\tau - 2\right) \tag{5-16}$$

$$T_{\text{soil}} = \overline{T}_{\text{soil}} - \frac{\Delta T_{\text{soil}}}{2} \cos\omega\left(\tau - 1\right) \tag{5-17}$$

加热管动态加热边界：

当储罐的平均温度低于指定的加热和维护温度时，加热功率为24000 W/m²。

$$T < 40℃，\quad I_{heat} = 24000 \text{ W/m}^2 \tag{5-18}$$

式中：T为原油储罐平均温度，℃；I_{heat}为加热功率，W/m²。

当储罐的平均温度与指定的安全维护温度一致时，加热功率为20000 W/m²。

$$T > 40℃，\quad I_{heat} = 20000 \text{ W/m}^2 \tag{5-19}$$

式中：T为原油储罐平均温度，℃；I_{heat}为加热功率，W/m²。

当储罐的平均温度超过指定的加热温度时，加热管道停止加热，加热功率为0。

$$T = 40℃，\quad I_{heat} = 0 \tag{5-20}$$

式中：T为原油储罐平均温度，℃；I_{heat}为加热功率，W/m²。

5.1.1.3　物性参数选取

随着原油温度的降低，原油密度和导热系数都呈现出同步增加的趋势，表明与油温存在线性相关性。原油黏度的变化可以用幂律方程近似。当温度降至异常点以下时，其值经历了急剧上升。原油比热容呈现先升高后降低的趋势（见图5-1）。具体的公式如下所示。

原油密度：

$$\rho = \rho_{20}[1 - 0.00062T_{oil} - 20] \tag{5-21}$$

原油导热系数：

$$\lambda = \frac{117.5}{\rho_{20}}1 - 0.00054T_{oil} \tag{5-22}$$

原油黏度：

$$\mu = e^{\left(-28.8+\frac{8904.4}{T_{\text{oil}}+273.15}\right)}$$ （5-23）

原油比热容：

$$c_p = 0.002T_{\text{oil}}^4 - 0.1682T_{\text{oil}}^3 + 3.1834T_{\text{oil}}^2 + 5.0891T_{\text{oil}} + 2624.2956$$ （5-24）

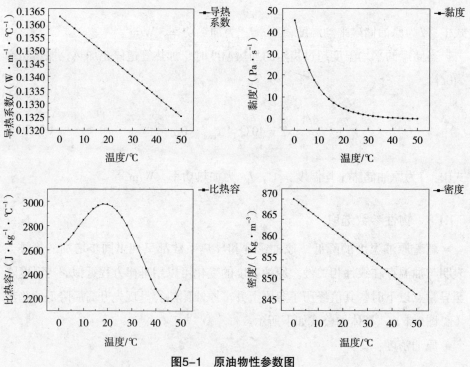

图5-1 原油物性参数图

5.1.2 数值求解算法

建立储罐静储过程温降模型，控制方程由连续性方程、动量方程及能量方程组成，上述方程均为非线性特征的微分方程，因此不能直接用简单的解析方法求解，目前常用有限体积法求解流体及传热问题。基于有限体积法求解储罐传热问题，将所求解区域、控制方程等进行离散化处理，如图5-2所示。

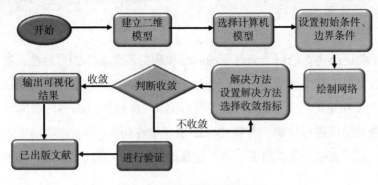

图5-2　数值求解过程流程图

5.1.2.1　计算区域离散

采用结构性网格进行划分，储罐内部原油、较远处土壤网格稀疏，罐顶、罐底及罐壁、加热管、保温层处采用加密网格。原油区域长80 m，宽15 m，对网格进行无关性验证，定义三组网格，原油区域网格数分别为750×360，790×370，850×400，对比分析三组网格，为了尽可能减少网格误差对模拟结果产生的影响，调整改变网格数量，最终划分网格总数量为385000个，原油区域网格数量为300000个，固体区域网格数量为85000个。

5.1.2.2　控制方程离散

通过应用有限体积法对微分方程进行离散化处理，核心思路在于将整个求解域分割为若干有限的控制体积。对每个独立的控制体积，建立基于守恒定律的积分方程。通过积分得到的方程描述了在每个控制体积内守恒量的变化，并将这些变化与体积边界上的通量相关联，以描述物质在控制体积之间的传输。通过求解这些离散化的方程组，可以得到控制体积内物理量的近似解，从而模拟原始偏微分方程描述的物理过程。

数值模拟采用计算流体动力学软件Fluent，用标准k-ε模型来解决浮顶储罐中盘管加热的瞬态问题，采用SIMPLE算法处理热传递过程中的压力-速度耦合，对流项采用QUICK方法离散化，扩散项通过中心差分方案处理，压力项则使用PRESTO! 方法，储罐中的原油采用变物性参数，其密度、比热容、黏度和热导率参数通过UDF输入计算软件，给定原油初始温度为40 ℃，外界环境温度采用UDF，收敛度以连续性方程、动量方程的残差小于10^{-5}，能量方程残差小于10^{-7}为判断依据。

5.1.3 模型验证

为了验证所建立的用于储存原油的浮顶罐的数学模型的可靠性，进行了与参考文献中提出的模型结果的比较研究。在数值模拟过程中，所有参数均与参考文献[3]中指定的模拟条件一致。具体而言，将原油罐的平均温度与参考文献中报告的结果进行比较，并将比较结果显示在图5-3中。比较结果表明，数值模拟和参考文献中存在高度一致性，从而确认了本书提出的数值模型的可靠性。

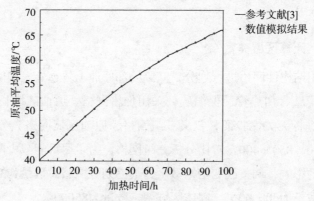

图5-3 数值模拟与参考文献验证

将模拟结果与参考文献结果进行对比，证明模型的准确性及可行性，因此可模拟不同工况下的温降过程，根据不同工况下的罐内油品温度场及流场变化情况，对油品温降过程进行进一步分析。

5.2 寒冷地区原油储罐静储及加热阶段的数值模拟研究

在原油浮顶罐静态存储及加热阶段，储罐内原油的温度变化情况受到多重因素影响，影响因素主要包括两个方面，分别是外界环境影响因素和储罐自身影响因素。外界环境影响因素主要包括外部环境温度、太阳辐射强度等；储罐自身影响因素主要包括罐内原油液位、储罐内原油初始温度、储罐壁保温层及原油物性参数等方面。在原油储罐的静储温降及加热阶段中，储罐内原油与外界主要通过热传导、对流换热、辐射换热三种形式进行热量交换，储罐罐壁及储罐底部的换热形式以热传导为主，储罐顶部和外界环境之间主要为对流换热和辐射换热。由于原油的物性参数为随温度变化的变物性参数，当罐内原油储罐内原油的温度开始变化时，罐内原油密度随温度变化而变化，低温原油的密度高于高温原油的密度，此时，温度变化导致密度不一致的罐内原油在混合后也会产生自然对流换热现象。

5.2.1　寒冷地区原油静储阶段的数值模拟分析

本书针对储罐温降过程不同工况进行模拟分析，利用Fluent软件输出罐内油品平均温度，分析不同工况下罐内油品平均温度变化情况。

5.2.1.1　静储阶段温度场及速度场研究

基于Fluent模拟10万立方米储罐不同工况下温度场及流场变化情况，以10万立方米储罐在不同液位下静储时的温度场及流场云图为例，如图5-4所示。

对原油储罐静储温降阶段的速度场和温度场数值模拟分析，如图5-4所示，在原油温度下降的初期阶段，罐内中心处的油温几乎不变，温度在312 K左右，受外界环境和太阳辐射等因素的影响，由于静储阶段没有加热管的加热作用，原油储罐散热主要通过罐壁和罐顶与外界环境的对流换热过程进行散热。

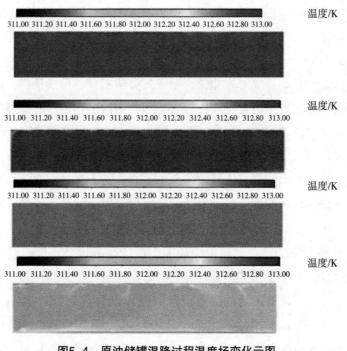

图5-4　原油储罐温降过程温度场变化云图

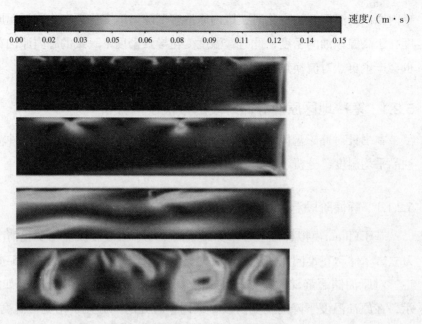

图5-5　原油储罐温降过程速度场变化云图

由于储罐罐顶为浮顶状态，没有保温层，在浮顶处的原油温度下降速率最快，温度变化最大，其次是罐壁处。由于原油密度是变物性参数，受温度变化影响，原油密度随着温度的变化而变化。温度越高，原油密度越低，相反，温度越低，原油密度越高。

如图5-5所示，由于罐顶处原油密度较大，受重力作用，原油沿着罐壁面向储罐底部缓慢移动，同时在储罐浮顶靠近储罐罐壁处形成油涡。由于储罐底部处土壤与储罐内原油的温度差值较大，因此原因储罐罐壁和储罐底部的温度下降速率变快。随着温降的持续，储罐罐壁、罐底、罐顶等部分原油温度下降很快，形成冷油区域。由于罐顶没有保温层设置，罐顶的传热系数较储罐壁面大，散热能力强，大量低温原油向罐底部流动，有大量油涡在罐顶处形成，待原油温度下降一段时间后，浮顶罐顶部和罐壁面存在的几个油涡逐渐合并成大的油涡，罐顶处油品向罐底部流动的过程基本结束。

由于自然对流的存在，罐内原油向上浮动至罐顶，罐顶罐壁温降开始变缓。在温度变化后期，原油储罐的罐底部分汇聚着大量未被加热、温度较低的原油，由于原油储罐内的原油容量较大，因此储罐内部中心处原油的温度基本保持不变。由于原油的的黏度系数是变物性参数，主要受到罐内原油温度变化影响，自然对流现象逐渐减少，最终，罐内油品温度降低以导热为主。

5.2.1.2 不同工况下静储阶段温度场规律分析

本书针对上述五组储罐温降过程进行模拟，按面积加权平均值的计算方法，利用Fluent软件输出罐内油品平均温度，分析不同工况下罐内油品平均温降情况，模拟结果如下所示。

（1）不同液位。

分别模拟当原油储罐初始油温为40 ℃，外界环境温度为–20 ℃，原油罐内油品液位分别为6，9，15 m时的油品温度下降情况，原油储罐罐内平均油温变化曲线如图5–6所示。

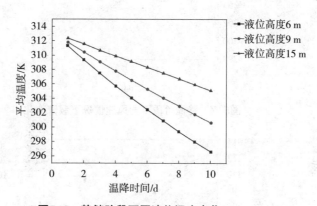

图5–6 静储阶段不同液位温度变化

对原油罐内油品液位分别为6，9，15 m时的不同工况进行数值模拟，监测罐内油品平均温度的变化情况，如图5–6所示，本次模拟时间为10 d。当罐内原油液位高度为15 m，即满罐工况时，温度下降了7.5 K；当罐内液位为9 m，即三分之二罐容工况时，温度变化为13 K；当罐内液位为6 m，即三分之一罐容工况时，温度变化为17.1 K。根据数值模拟结果所示，当原油初始温度和外界环境温度保持一定时，罐内原油液位越高，温降越慢，这是由于罐内原油液位越高，需要吸收的热量就越多，所以温度变化的就越慢。

（2）不同风速。

在风速分别为2.5，5.5，8.5 m/s的三种不同工况下，罐内原油的温度变化情况如图5–7所示。

由图5–7可知，当外界风速为2.5 m/s时，温度降低了13.5 K；当外界风速为5.5 m/s时，温度降低了14.6 K；当外界风速为8.5 m/s时，温度降低了为15.9 K。结果表明，随着风速的增大，原油储罐壁面的对流换热系数变大，对流换热增强，罐内原油的散热量变大，导致原油储罐内的平均温度降低。

（3）不同环境温度。

分别模拟在初始油温为40 ℃，风速为2.5 m/s的条件下，外界环境温度为-10，-20，-30 ℃的三种不同工况下，原油储罐内原油的平均温度变化情况，罐内原油平均温度变化曲线如图5-8所示。

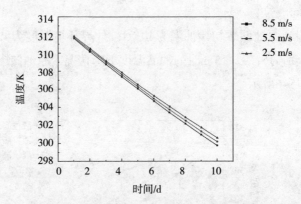

图5-7　静储阶段不同风速情况下温降变化

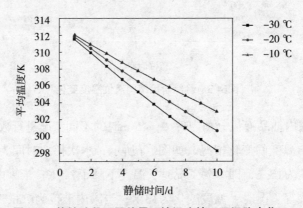

图5-8　静储阶段不同外界环境温度情况下温降变化

由图5-8可知，当外界环境温度为-10 ℃，即263 K时，温度下降了10.5 K；当环境温度为-20 ℃时，温度下降了13 K；当环境温度为-30 ℃，即243 K时，温度下降了15.3 ℃。通过分析不同环境温度情况下原油平均温度变化情况可知，随着外界环境温度的降低，罐内油品的平均温度变化速率也随之增大。

（4）不同初始温度。

分别模拟在初始油温为30，35，40 ℃的工况下，原油储罐内原油的平均温度变化情况，如图5-9所示。

由图5-9可知，在罐内原油静储温降模拟天数为10 d，初始油温为30 ℃的工况下，油品温度下降了11 K；在初始油温为35 ℃的工况下，油品温温度变化为11.5 K；在初始油温为40 ℃的工况下，油品温度下降13 K。从平均温度变化规律可知，罐内原油初始温度越大，罐内原油散热越快。

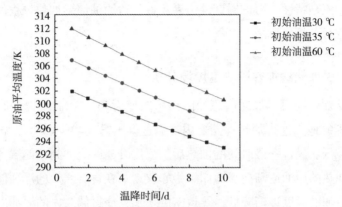

图5-9　静储阶段不同原油初始油温情况下温降变化

（5）不同保温层系数。

分别模拟在初始油温为40 ℃，保温层厚度为10，15，20 mm的工况下风速为2.5 m/s，外界环境温度为-20 ℃时，罐内原油的平均温度变化情况，变化曲线如图5-10所示。

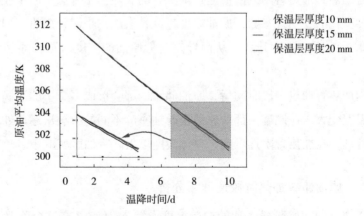

图5-10　静储阶段不同保温层厚度情况下温降变化

由图5-10可知，在罐内原油温降10 d后，当保温层厚度为10 mm时，油品平均温度下降了12.8 K；当保温层厚度为15 mm时，油品平均温度下降13 K；当保温层厚度为20 mm时，油品平均温度下降了13.3 K。由原油储罐平均温度变化曲线可以看出，保温层越厚，罐内平均温度下降越少，温降效率越低。

5.2.2　寒冷地区原油储罐加热阶段的温度场及流场研究

利用上文已经验证过的数值模拟方法来研究在原油储罐内加热过程中发生的温度和流动特性，考虑周期性边界条件。对原油储罐加热过程的温度场及流场变化进行分析研究。

5.2.2.1　原油储罐加热阶段温度场分析

初始加热阶段，储罐内原油的初始温度为40 ℃。储罐内的原油开始在接近加热管的地方进行加热。储罐内油温逐渐上升到42～45 ℃，导致原油的密度逐渐降低。经过一段时间的加热后，温度升高的原油到达储罐顶部附近，由加热管加热的原油逐渐向浮顶储罐中心移动。在含有原油的浮顶储罐顶部附近区域，原油的温度逐渐降低，导致密度增加，使得储罐内的原油向下移动。储罐壁上的油温受外部环境温度和太阳辐射的影响，在1～2 ℃的范围内波动。浮顶储罐其他区域的原油温度受外部环境温度和太阳辐射的影响较小，保持在43 ℃左右。

在加热管对储罐内原油进行加热的初始阶段，如图5-11所示，由于加热管、罐壁的温度远大于储罐内原油的温度，因此首先加热管对加热管附近的原油进行加热，加热管附近原油通过加热管的导热作用升温，由于原油密度是随着温度变化的变物性参数，原油温度越高、密度越小，受加热管加热的影响，管壁附近的原油温度升高，从而导致附近原油的密度减小，油品开始向上移动。

当加热管加热一段时间后，原油储罐内部会形成多个小的油涡，近壁面处原油温度变大，在储罐顶部的原油受原油密度不同的影响从罐顶处向罐底和罐壁处流动，在加热管附近聚集，整体流速增大，冷油区域减小。

5.2.2.2　原油储罐加热阶段速度场分析

在加热的初始阶段，油的初始温度设置为40 ℃。在这个阶段，储罐内的油温低于所需的加热和维持温度，因此需要加热。在加热和维持的初始阶段，靠近加热管的油首先被加热。储罐内的平均温度逐渐开始上升，储罐内的油密度逐渐降低。靠近加热管的油开始沿着储罐壁向上运动。

此外，由于加热管靠近储罐壁，靠近储罐壁的原油受自然对流的显著影响，速度可达到0.13 m/s。随着原油向储罐底部移动，速度逐渐减小。当达到

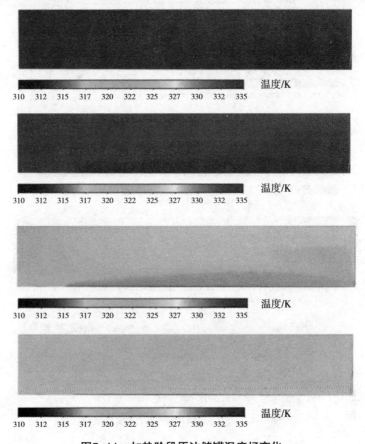

图5-11 加热阶段原油储罐温度场变化

储罐底部时，速度稳定在约0.01 m/s。加热的油与储罐底部的油没有完全混合，导致形成一个明显的低温层。

如图5-12所示，在加热管对原油储罐内原油进行加热的前期，由于原油密度是随温度变化而变化的参数，受加热管加热的影响，原油储罐中加热管附近的原油密度降低，两者之间存在温度差。由于温度梯度的存在，储罐内原油发生自然对流现象。同时，受外界环境温度的影响，罐壁处原油的密度开始增大，罐壁处原油向罐底沉降，导致罐底处压力降低，造成高温原油开始沿着罐壁向上移动，此时，此处原油的速度高于储罐其他位置原油的速度。由于加热管设计在靠近罐底和罐壁的位置，因此罐壁附近原油的温度比储罐内其他位置的原油高很多，原油开始沿着罐壁向上流动至储罐上部。由于加热管距储罐底部有一段距离，加热管不能有效地对这一区域的原油进行加热，产生的冷油堆积在罐底处，在加热的后期阶段，大小涡流合并，整体原油流动速度加快，冷油区域开始减小。

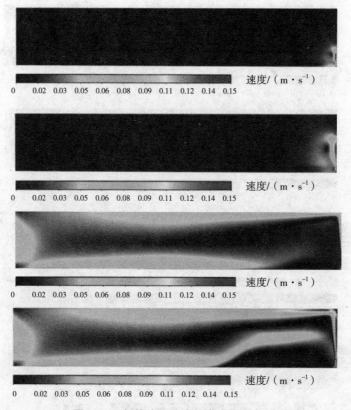

图5-12 加热阶段原油储罐速度场变化

5.2.3 不同工况下原油储罐加热阶段温度变化规律

本书针对上述四组储罐加热过程进行模拟，分析在不同工况下罐内油品平均温度升高情况，模拟结果如图5-13所示。

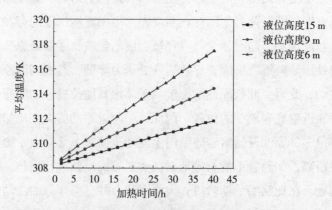

图5-13 加热阶段不同液位高度情况下平均温度变化

　　模拟在原油储罐液位分别为6，9，15 m三种工况下原油储罐内的原油平均温度变化情况，平均温度变化如图5-13所示。

　　通过曲线可知，罐内原油温度升高速率随着储罐液位的升高而下降，当罐内油品液位为15 m，即满罐时，平均温度约上升4 K；当罐内原油液位为9 m，即三分之二罐容时，平均温度上升7 K；当原油液位为6 m，即二分之一罐容时，平均温度上升10 K。

　　对原油储罐加热管温度分别为100，120，140 ℃的三种不同工况进行数值模拟，分析原油平均温度变化情况，平均温度变化情况如图5-14所示。

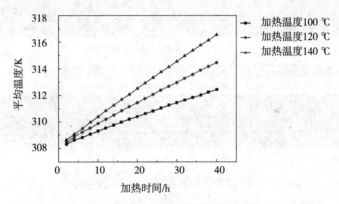

图5-14　加热阶段不同蒸汽盘管加热温度情况下平均温度变化

　　罐内油品温升速率随着蒸汽加热温度的升高而升高，模拟时间为40 h。当罐内油品液位为9 m，蒸汽盘管温度为100℃时，温升5 K；蒸汽盘管温度为120 ℃时，温升6.5 K；蒸汽盘管温度为140 ℃时，温升8.5 K。

5.3　原油储罐动态加热过程的数值模拟研究

5.3.1　原油储罐加热阶段的温度场及流场研究

　　利用上文已经验证过的数值模拟方法来研究在原油储罐内动态加热过程中发生的温度和流动特性，考虑周期性边界条件。依据原油储罐的动态加热过程，浮顶罐内温度场的变化被划分为四个阶段——初始阶段、加热阶段、热惯性阶段和温度维持阶段。

5.3.1.1 初始阶段

在动态加热的初始阶段，油的初始温度设置为40 ℃。在这个阶段，储罐内的油温低于所需的加热和维持温度，因此需要加热。在加热和维持的初始阶段，靠近加热管的油首先被加热。储罐内的平均温度开始逐渐上升，储罐内的油密度逐渐降低。靠近加热管的油开始沿着储罐壁向上运动。动态加热初始阶段温度场、速度场变化如图5-15所示。

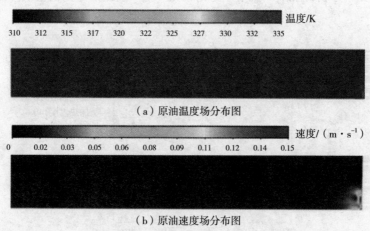

图5-15 动态加热初始阶段温度场、速度场变化示意图

5.3.1.2 加热阶段

在初始加热阶段，储罐内油品的初始温度为40 ℃。储罐内的原油开始在加热管附近加热。油品温度逐渐升高到42～45 ℃，导致油品密度逐渐降低。经过一段时间的加热，温度升高的油品接近储罐顶部附近。这部分由加热管加热的油品，逐渐向浮顶储罐中心移动。在储罐顶部附近的区域，含有原油的温度逐渐下降。温度的降低导致油品密度增加，使其在储罐内向下移动。储罐壁上的油品温度受外部环境温度和太阳辐射的影响，在1～2 ℃的范围内波动。浮顶储罐内其他区域的原油温度受外部环境温度和太阳辐射的影响较小，保持在约43 ℃的水平。随着加热油品在储罐内循环，靠近储罐壁的油品流速可达到0.10 m/s。相比之下，储罐上部区域的油品流速约为0.05 m/s。储罐内其他区域的流速相对较低，大致在0.001至0.01 m/s的范围内变化。动态加热阶段温度场、速度场变化如图5-16所示。

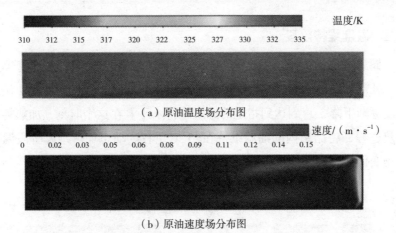

（a）原油温度场分布图

（b）原油速度场分布图

图5-16　动态加热阶段温度场、速度场变化示意图

5.3.1.3　热惯性阶段

在热惯性阶段，储罐内油的温度继续均匀上升。在这个时刻，浮顶罐内原油温度经历了加速上升。当储罐内平均温度达到45 ℃时，加热管道停止供热。然而，由于热惯性效应，尽管加热管道停止向储罐内原油供热，油的温度在一定时期内仍然会继续上升。因此，储罐内温度可以升至49 ℃左右。此外，由于加热管道靠近储罐壁，靠近储罐壁的原油受到自然对流的明显影响，导致速度达到0.13 m/s。随着油向储罐底部的移动，这个速度逐渐减小。当达到储罐底部时，速度趋于稳定，约为0.01 m/s。加热的油并没有完全与储罐底部的油混合，导致形成一个明显的低温层。动态加热热惯性阶段温度场、速度场变化如图5-17所示。

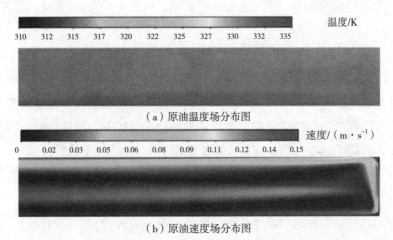

（a）原油温度场分布图

（b）原油速度场分布图

图5-17　动态加热热惯性阶段温度场、速度场变化示意图

5.3.1.4 温度维持阶段

当储罐内原油的平均温度达到预定的温度阈值45 ℃时，加热管停止提供热量。外部环境温度和太阳辐射的波动主要影响储罐内温度的变化。储罐内油的温度逐渐下降，直到达到指定的温度维持水平。在这个时刻，加热管重新开始加热过程，将储罐内的油温维持在45 ℃左右。动态加热维温阶段温度场、速度场变化如图5-18所示。

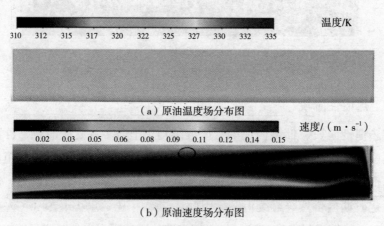

（a）原油温度场分布图

（b）原油速度场分布图

图5-18 动态加热温度维持阶段温度场速度场变化示意图

综上所述，浮顶储罐内原油的温度经历了由加热管的动态加热、外部环境温度和太阳辐射引起的持续升降的过程。最终，达到一个动态平衡状态，稳定在45 ℃左右。此外，储罐内油的平均速度受到来自加热管的动态加热、环境温度和太阳辐射的影响。平均速度虽有波动，但最终稳定在0.09 m/s左右。

5.3.2 不同工况下原油储罐加热阶段温度变化规律

温度维持储存目前是国内外原油储存的一种常用方法，储存温度通常维持在比原油凝点高5～15 ℃的范围内。不同类型原油的物理性质有显著差异，储存温度应根据原油的性质确定。考虑到油的物理性质并为确保运输操作的安全性，储存在罐中的原油的最终安全下限温度为40 ℃。

5.3.2.1 不同初始温度

原油的初始温度对储罐加热和温度维持系统的设计有一定的影响。进行了初始油温为40，42，45 ℃的模拟，同时，考虑了与大庆地区冬季温度相对应的外部环境温度变化。平均油温变化曲线如图5–19所示。原油储罐内的平均温度逐渐受到储罐加热的影响，在加热时间为0～20 h时内逐渐上升，大约在28 h时达到峰值，然后开始下降。当加热时间大约为40 h时，储罐的温度达到相对平衡。初始油温为40 ℃时，原油的峰值温度约为48 ℃。加热过程和温度维持期间的平衡温度都约为45 ℃。初始油温为42 ℃时，原油的平均峰值温度达到50 ℃，加热过程和温度维持期间的平衡温度约为47 ℃。当初始温度为45 ℃时，储罐内的平均温度在54 ℃左右达到峰值，加热和温度维持的温度维持在50 ℃左右。

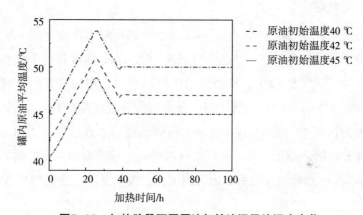

图5–19　加热阶段不同原油初始油温平均温度变化

5.3.2.2　不同液位

在对大庆地区冬季进行的不同情境的模拟中，初始油温为40 ℃，外部环境温度变化，储罐内的油位分别设置为10，15，20 m。平均油温变化曲线如图5–20所示。

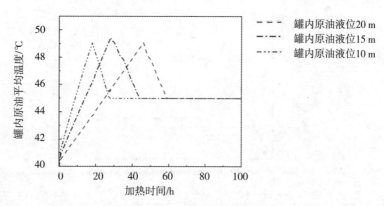

图5–20　加热阶段不同液位平均温度变化

从图5-20中可以观察到，随着储罐内油位的上升，储罐内油温升高的速率减缓。当储罐内油位为储罐满液位的一半时，温度升高速率最快，大约在10 h达到储罐的维持温度，需要大约30 h达到维持温度。当储罐内油位为15 m时，需要大约40 h的加热时间储罐才能达到温度维持温度。当储罐内油位为20 m时，需要大约60 h的加热时间储罐才能达到维持温度。这些结果表明，随着储罐内油位的升高，储罐内原油温度升高的速率减缓，较高油位需要更长的加热时间。

5.3.2.3 不同风速

针对大庆地区冬季，初始油温为40 ℃，外部环境温度变化的不同情况进行模拟，模拟中使用的风速分别为2.5，5.5，8.5 m/s。速度和对流传热系数之间的关系取决于式（5-12）。从图5-21中可以看出，在加热管的影响下，储罐内的平均温度在0～28 h时缓慢上升。最高的内部温度在28 h时达到51.6 ℃。温度在增加的过程中，在0～18 h有一个相对迅速的上升过程。然而，在18 h时，加热管被控制，停止加热。受热惯性的影响，平均内部温度继续上升一段时间，在28 h时达到峰值。之后，内部温度开始逐渐下降，达到约45 ℃，进入温度维持阶段。

根据图5-21，可以明显看出，当外部风速为2.5 m/s时，储罐内温度经历了快速波动，温度维持所需的时间相对较短。当外部风速为5.5 m/s时，储罐温度变化较为适中。当外部风速为8.5 m/s时，储罐内温度经历了渐变，温度维持所需的时间最长。研究结果表明，随着风速的增加，储罐壁上的传热系数上升，导致原油的热损失增加。这反过来延长了维持温度所需的时间。在极寒的冬季

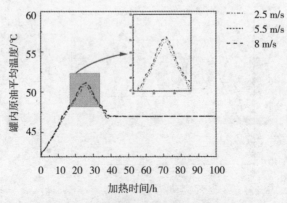

图5-21 加热阶段不同风速平均温度变化

条件下，可能需要相应调整加热管的温度，以维持储罐内原油的温度并减缓蜡的沉积等问题。

5.3.2.4 不同原油

近年来，随着中俄原油管道的建设和运营，大庆地区的一些原油储罐被用于储存来自俄罗斯的进口原油。为了准确判断影响原油储罐加热和保温的因素，对存储在储罐中的大庆原油和俄罗斯原油进行数值模拟。俄罗斯原油和大庆原油的参数如图5-22所示，与俄罗斯原油相比，大庆原油具有更高的导热性，导致储罐内平均温度上升更快。加热大约15 h达到储罐的维持温度，即45 ℃。受热惯性的影响，储罐的温度继续上升，在大约24 h达到峰值。随后，储罐的温度开始下降。当储罐的温度降至45 ℃的维持温度时，加热管再次开始加热，以将储罐内的平均温度维持在45 ℃。与大庆原油相比，俄罗斯原油需要略多一些的加热和保温时间。然而，不同原油对原油储罐的加热和保温的影响相对较小。

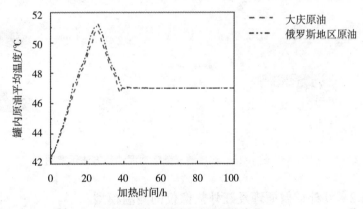

图5-22 加热阶段不同原油平均温度变化

5.4 储罐红外成像检测研究

5.4.1 油泥界面检测试验台总体设计及可靠性分析

5.4.1.1 原油罐现场工况及系统设计方案

在原油长时间静置存储过程中，其内部各类化学物质会进行分解，并重新反应，生成新的物质，逐渐沉积于储油罐的底部，形成油泥，由于密度差，储罐内多余的水分也会静置在油泥和原油之间。由于油泥与储罐内油品的导热率不同，在对罐内储物进行加热时，二者温度也不同，储罐侧壁面会形成温差，红外辐射特性也有所差异。利用红外相机记录储罐外壁面辐射特征，可以实现对油泥的可视化定位与识别。

非接触式储罐油泥测量方法的目标是通过热像仪获取储罐外壁面温度辐射特征，从而获取更多油泥分布高度点。图5-23为非接触式储罐油泥测量方法示意图，主要包括：利用红外热像仪对储罐四周进行拍摄，获取储罐外壁面显著特征以及所有图像数据；基于MATLAB对红外图像进行预处理，加图像的拼接和储油罐油泥边界数据的提取；通过反演辨识算法还原储罐油泥分布趋势，获得油泥体积等数据。

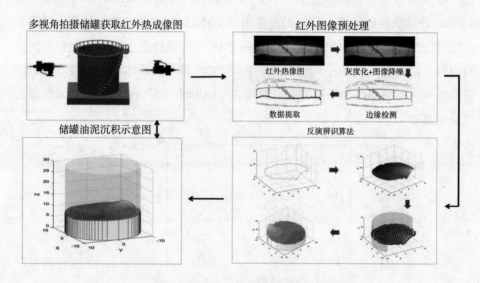

图5-23　非接触式储罐油泥测量方法示意图

5.4.1.2　红外成像原理及红外热像仪的测温模型

热是物体内部分子不规则运动放出的一种能量，温度是物体冷热的程度。所有物体都会发出红外辐射，其强度和频谱特征取决于物体的温度。在电磁波频谱中，波长在0.001～1 mm的是红外线。红外相机或传感器可以捕获并测量这些红外辐射，将其转化为电信号。通过处理这些电信号，可以生成具有不同温度的物体的热图像。

红外相机根据所接收到的目标辐射能量来确定探测温度，从而以非接触的方式获取储罐加热后的外壁面的表面温度。红外相机测量储罐油泥试验装置如图5-24所示。整个系统主要由以下部分组成：①储罐模型；②油泥模拟物；③热流体；④热像仪；⑤水平支架。其中，图5-24（a）为储罐模型，外壁面由不透明壁纸包裹模拟不透明储罐；图5-24（b）为储罐拍摄主视图；图5-24（c）为储罐拍摄侧视图。试验中的储罐模是特殊定制的，储罐直径30 cm，内径29 cm，罐壁厚5 mm，罐高26.5 cm，容积17495 cm^3，主体材料为亚克力。储罐模型由底座、储罐整体、外壁管道、加热盘、罐顶构成。由于红外辐射具有显著的穿透性，因此红外相机接收到的辐射能量包括四个部分：储罐外壁面发射辐射、环境透射辐射、环境反射辐射和大气辐射。在红外拍摄时，可忽略大气辐射的影响。

| （a）储罐模型 | （b）储罐拍摄主视图 | （c）储罐拍摄侧视图 |

图5-24　红外相机测量储罐油泥实验装置

红外热像仪是整个测量系统的核心，用试验台进行红外拍摄之前要进行不确定度分析。最终不确定度按照综合不确定度进行评定：A类评定指相机捕捉油泥界限的一系列重复测量带来的不确定性；B类评定指测量系统自身的测量偏差。经过计算，不确定度如表5-1所列：

表5-1　试验模型的不确定度

A类不确定度		B类不确定度		综合不确定度	
标准	相对/%	标准	相对/%	标准	相对/%
104.6	0.51	2.02×10^{-3}	0.724	104.6	0.51

5.4.2　基于热成像数据的油泥测量

5.4.2.1　数据采集与预处理

储罐油泥测量试验装置采用的热像仪型号为Fotric227s。使用该设备，可以及时、准确地获取远距离目标的热像图和辐射读数，捕捉热像图和数据，其波长范围为8～14 μm，热图像分辨率为512×384，测温精度为±2 ℃。有多种调色板方案，经测试，彩虹调色板下的储罐油泥沉积拍摄效果最好，本试验全部采用彩虹调色板拍摄模式。该模式有助于在温差较小的环境中精确定位物体。其中，左上角的温度为红外采集设备检测的焦点温度，e为设定的被测物体发射率，实验中固定为0.95。

通过热成像仪采集不同状态下的油泥沉积模型的红外图像，采集过程中罐体处于自然散热状态，与环境的温差为20~40 ℃，可以得到比较清晰的液位边界。拍摄不同方位的储罐油泥沉积图像，为后续图像处理部分的图像全景拼接做准备。对每种不同油泥状态实验组采集4~6张照片，初步筛选后制作数据集，试验方案案例如表5-2所列。

表5-2　储罐油泥沉积模拟试验方案案例

试验方案	油泥体积/cm³	水量/mL	试验方案	油泥体积/cm³	水量/mL
水	0	1000	规则油泥+水	2838.7955	2000
		2000			3000
		3000			4000
	0	4000		4885.369	2000
		5000			3000
		6000			4000
	0	7000		6865.924	2000
		8000			3000
		9000			4000
不规则油泥（起伏小）+水	2244.629	2000	不规则油泥（起伏大）+水	3697.036	2000
		3000			3000
		4000			4000
	4357.221	2000		5941.665	2000
		3000			3000
		4000			4000
	6535.832	2000		7922.220	2000
		3000			3000
		4000			4000

参考文献[20]对方法进行了详述，预处理包括图像拼接和油泥界面数据的提取，基于全局和局部特征的红外图像快速拼接方法，经过拼接，可以得到储罐的全景图像，储罐全景拼接图像如图5-25所示。

图5-25　储罐全景拼接图

　　油泥界面数据的提取需在储罐红外图像边缘检测的基础上进行，本书采用一种改进的边缘检测算法提取油泥边缘。

　　设 $\theta(x,y)$ 为二维可微高斯平滑函数，且满足以下条件：

$$\begin{cases} \theta(x,y)>0 \\ \iint_{R^2}\theta(x,y)\mathrm{d}x\mathrm{d}y=1 \\ \lim_{x,y\to\pm\infty}f(\theta(x,y))=0 \end{cases} \tag{5-25}$$

　　设图像 $f(x,y)\in L^2(R^2)$，利用平滑函数对图像进行卷积运算，得到平滑后的图像：

$$(f*\theta)(x,y)=f(x,y)\cdot\theta(x,y) \tag{5-26}$$

　　设 $\theta(x,y)$ 的一阶导数是 $\varphi(x,y)$，求 $\theta(x,y)$ 分别在 x, y 两个方向上的偏导数，进而求出两个二维小波变换函数，分别为

$$\varphi^1(x,y)=\frac{\partial\theta(x,y)}{\partial x} \tag{5-27}$$

$$\varphi^2(x,y)=\frac{\partial\theta(x,y)}{\partial y} \tag{5-28}$$

式中：$\varphi^1(x,y)$ 为水平小波函数；$\varphi^2(x,y)$ 为竖直小波函数。

　　在尺度 s 下，图像小波变换有两个分量为

　　沿 x 方向：

$$W_s^1f(x,y)=f(x,y)\cdot\varphi_s^1(x,y) \tag{5-29}$$

沿 y 方向：

$$W_s^2 f(x,y) = f(x,y) \cdot \varphi_s^2(x,y) \tag{5-30}$$

梯度矢量的大小与梯度矢量的模是一样的：

$$M_s f(x,y) = \sqrt{\left|W_s^1 f(x,y)\right|^2 + \left|W_s^2 f(x,y)\right|^2} \tag{5-31}$$

幅角是梯度矢量与水平方向的夹角：

$$A_s f(x,y) = \arctan\left[\frac{W_s^2 f(x,y)}{W_s^1 f(x,y)}\right] \tag{5-32}$$

由式（5-31）和式（5-32）可知，幅角正是图像边缘的方向，于是检测图像边缘只需求出沿着梯度矢量方向的模局部极大值。

本书通过反复试验分析，提出一种新的多结构元素的数学形态学检测算子：

$$y_{\max} = max\{y_d, y_e, y_{de}\} \tag{5-33}$$

$$y_{\min} = min\{y_d, y_e, y_{de}\} \tag{5-34}$$

$$y_{dec} = y_{\max} - y_{\min} \tag{5-35}$$

$$y_i = y_d + y_e + y_{de} \tag{5-36}$$

根据式（5-36），将得到的三种抗噪算子分别检测后相加得到完整的边缘。

定义新的边缘检测算子为

$$y_{f1} = y_1 + y_{dec1} \tag{5-37}$$

$$y_{f2} = y_2 + y_{dec2} \tag{5-38}$$

$$y_{f3} = y_3 + \frac{y_{dec3}}{2} \tag{5-39}$$

$$y_{f4} = y_4 + \frac{y_{dec4}}{2} \tag{5-40}$$

为了算法的适用性更为广泛，选取的结构元素SE_1至SE_4，分别对应的方向角为0°，90°，45°，135°。

$$SE_1 = \begin{bmatrix} 0 & 0 & 0 \\ 1 & 1 & 1 \\ 0 & 0 & 0 \end{bmatrix}, \quad SE_2 = \begin{bmatrix} 0 & 1 & 0 \\ 0 & 1 & 0 \\ 0 & 1 & 0 \end{bmatrix}, \quad SE_3 = \begin{bmatrix} 0 & 0 & 1 \\ 0 & 1 & 0 \\ 1 & 0 & 0 \end{bmatrix}, \quad SE_4 = \begin{bmatrix} 1 & 0 & 0 \\ 0 & 1 & 0 \\ 0 & 0 & 1 \end{bmatrix}$$

构造的结构元素能满足大部分边缘的检测要求，假设储油罐源图像为F，经过预处理后的灰度图像为f，根据上述构造的四个结构元素，依次按照新的边缘检测算子进行运算，然后将四个运算结果进行特定的运算、合成，得到边缘图像：

$$y_{f0} = y_{f1} + y_{f2} + \frac{y_{f3} + y_{f4}}{2} \tag{5-41}$$

图像经小波变换分解后获得低频和高频信息，融合的核心就是高低频信息的合理化选择，本书提出一种新的融合规则，使融合效果更好。边缘检测的流程如图5-26所示。红外热像图的边界处理效果图如图5-27所示。

5.4.2.2　油泥分布热成像的准确性

由于油泥和上层油水混合交界面的热传递是持续的，所以交界处有一个温度的过渡区域，该区域温差较小，导致液面分界不明显，具体如图5-28所示。在边缘检测下的目标效果较差，边界线较宽，数据范围波动较大，造成后续油泥计算数据不准确，为了确定真正的油泥边界线，可以采用阈值分割的方式对储罐全景拼接红外图像进行处理，由直方图得到大致的阈值，再根据实际液位试验得到准确分割的阈值，处理后可以得到准确的液位边界。

阈值分割是一种按图像像素灰度幅度进行分割的方法，其基本思想是通过设定一个阈值，将图像中的像素分为两个不同的类别。本试验根据拍摄的红外热像图设置彩虹调色板，在该色系下，阈值147和阈值170为特殊边界，阈值直方图如图5-29所示，高于阈值的像素被归为一类，低于阈值的像素被归为另一类。这样的处理方法使得图像中的目标区域与背景区域更为明显，便于后续的分析和处理。经过多次比对计算，阈值170下的图像边界线为真实的油泥边

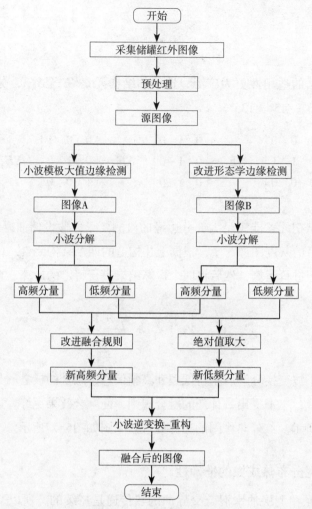

图5-26 边缘检测流程图

 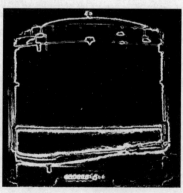

（a）处理前红外热像图　　　　　（b）处理后红外热像图

图5-27 改进型边缘检测效果图

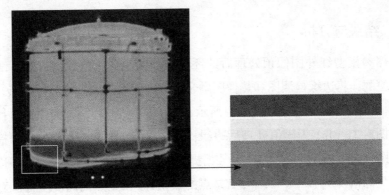

图5-28　红外热像图的边缘处理效果图

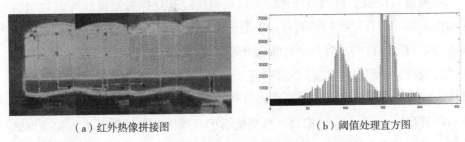

（a）红外热像拼接图　　　　　　　　（b）阈值处理直方图

图5-29　阈值处理直方图

界线，在热像图中显示为第二条和第三条过渡区的边界线。阈值边界效果图如图5-30所示。

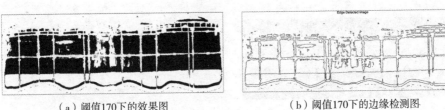

（a）阈值170下的效果图　　　　　　　　（b）阈值170下的边缘检测图

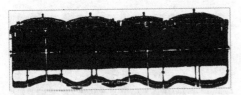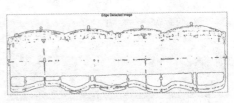

（c）阈值147下的效果图　　　　　　　　（d）阈值147下的边缘检测图

图5-30　阈值边界效果图

5.4.3 结果与分析

对储罐模型红外图像预处理后的环形全景图片在阈值分割方法后继续进行边缘检测，将边缘检测图和热像图融合，对确定后的边界线进行取点，得到二维数据。数据提取过程如图5-31所示，其中，图5-31（a）为图像拼接后的图像；图5-31（b）为阈值处理后边缘检测图像；图5-31（c）为边缘检测图和热像图融合图；图5-31（d）为数据提取示意图。所述二维数据，即边界取点中的坐标值（X, Z），其中，X是点的横坐标，Z是点的高度坐标。对所述二维数据进行数据拟合，进而形成二维线性图像，并在所述二维图像上依次以预设距离进行插值，得到有规律的数值；将所述有规律的数值放入以X和Y为底面的平面内，计算出所述有规律的数值中各点对应的纵坐标Y，进而补全了油泥边缘的三维数据；对补全后的三维数据中的各个点按照三维图像的方式依次进行判断、处理，将其复原为真实坐标，放置在各自的坐标位置上，得到完整的三维边界线图像；对首尾数据进行平均值计算以减少误差；继续对所述三维图像进行Interpolant插值拟合，在插值后的三维图像上按照圆内规律点继续插值，求取各个点的高度坐标Z，从而获取更多点位信息；基于所述完美三维图像的点位信息，在给定的范围内随机生成一系列随机点，根据角度判别法生成Delaunay三角网，并在屏幕上绘制，以散点生成三角网；根据高度的不同，对所述三角网进行界面平滑过渡，进行插值处理，最终形成油泥三维图像。通过上述反演辨识算法，可以得到油泥在储罐内的分布情况，具体如图5-32所

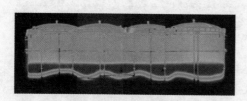

（a）图像拼接后图像

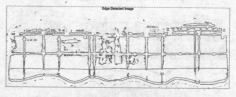

（b）阈值处理后边缘检测图像

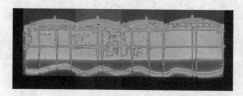

（c）边缘检测图和热像图融合图

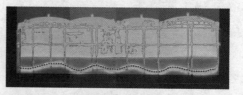

（d）数据提取示意图

图5-31　数据提取

示，其中，图5-32（a）为油泥界面图；图5-32（b）为油泥沉积效果图。经过反演辨识计算，得到相关油泥体积的结果，具体如表5-3所列。

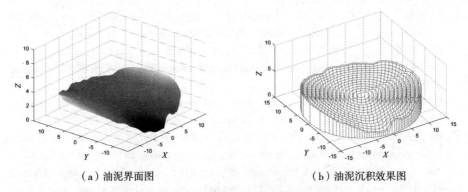

（a）油泥界面图　　　　　　　　　　　　　　（b）油泥沉积效果图

图5-32　油泥在储罐内的分布

表5-3　阈值170下的油泥体积计算值

试验方案	油泥体积/ cm³	阈值170下的油泥体积/ cm³	准确度/%
规则油泥	2838.796	2913.659	2.637
	4885.369	4710.231	-3.585
	6865.924	6805.683	-0.877
不规则油泥（起伏小）	2244.629	2327.824	3.706
	4357.221	4562.786	4.718
	6535.832	6433.297	-1.569
不规则油泥（起伏大）	3697.036	3845.367	4.012
	5941.665	6205.221	4.436
	7922.220	7723.235	-2.512

参考文献

[1] CHEN H W, ZHANG S S, LI Y, et al. Multi-physical field numerical simulation of electromagnetic heating in heavy oil reservoirs with different well configurations[J]. Journal of thermal science and engineering applications, 2024, 16(3): 031006.

[2] LI Y, LIANG Z, CHEN H W, et al. Flow coupling analysis and evaluation of different working conditions for crude oil storage tanks under dynamic heating[J]. Canadian journal of chemical engineering, 2024,102(7):25257.

[3] SUN W ,CHENG Q L, ZHAO L X, et al. Energy loss analysis of the storage tank coil heating process in a dynamic thermal environment[J]. Applied thermal engineering, 2021. 189.

[4] ZHAO J, DONG H, WANG X, et al. Research on heat transfer characteristic of crude oil during the tubular heating process in the floating roof tank[J]. Case studies in thermal

engineering, 2017, 10: 142-153.

[5] LI W, SHAO Q, LIANG J. Numerical study on oil temperature field during long storage in large floating roof tank[J]. International journal of heat and mass transfer, 2019, 130: 175-186.

[6] LI D, WU Y, LIU C, et al.Thermal analysis of crude oil in floating roof tank equipped with horizontal heating finned tube bundles[J]. ES energy & environment, 2021, 13: 65-76.

[7] REN Y, CAI W, JIANG Y. Numerical study on shell-side flow and heat transfer of spiral-wound heat exchanger under sloshing working conditions[J]. Applied thermal engineering, 2018, 134: 287-297.

[8] GUO L, KUANG J, LIU S B, et al. Failure mechanism of a coil type crude oil heater and optimization method[J]. Case studies in thermal engineering, 2022: 39.

[9] LAKEHAL D. Advanced simulation of transient multiphase flow & flow assurance in the oil & gas industry[J]. The canadian journal of chemical engineering, 2013, 91(7): 1201-1214.

[10] WANG P, LIU J, LIU Z, et al. Experiment and simulation of natural convection heat transfer of transformer oil under electric field [J]. International journal of heat and mass transfer, 2017, 115: 441-452.

[11] ZHAO J, WEI L, DONG H, et al. Research on heat transfer characteristic for hot oil spraying heating process in crude oil tank[J]. Case studies in thermal engineering, 2016, 7: 109-119.

[12] WANG Y, ZHAN S, FENG X. Optimization of velocity for energy saving and mitigating fouling in a crude oil preheat train with fixed network structure[J]. Energy, 2015, 93: 1478-1488.

[13] 张健铭, 石磊, 付存银, 等. 储罐油泥在线检测技术研究现状[J]. 安全、健康和环境, 2023, 23(2): 8-15.

[14] 梁霄, 李家炜, 赵小龙, 等. 基于深度学习的红外目标成像液位检测方法[J]. 光学学报, 2021, 41(21): 104-112.

[15] 梁霄. 基于深度学习的储罐红外液位检测技术研究[D]. 太原: 中北大学, 2021.

[16] 曾庆杰. 红外成像中图像质量提升算法研究[D]. 西安: 西安电子科技大学, 2021.

[17] 彭春阳. 基于FPGA的实时红外目标检测系统设计与实现[D]. 秦皇岛: 燕山大学, 2021.

[18] 史凡. 基于红外成像的原油罐底图像边缘检测研究[D]. 徐州: 中国矿业大学, 2021.

[19] 邓连军, 徐辛超, 吴飞, 等.罐底油泥测量方案的优化[J]. 清洗世界, 2021, 37(3): 29-31.

[20] 宋春霞, 陈林, 罗兵. 储罐液位的红外定量辨识[J].激光与红外, 2021, 51(2): 196-201.

[21] 孙正萧, 张国亮, 徐德强, 等. 基于红外热像仪的油罐液位测量系统设计[J]. 微计算机信息, 2010, 26(17): 1-2.

[22] 计显达, 方圆. 大型原油储罐油泥沉积的处理方法[J]. 石化技术, 2016, 23(10): 138-139.

[23] 石颖桥. 红外图像增强技术及检测方法的研究[D]. 郑州: 郑州大学, 2012.

[24] 邓连军, 王冲, 雷克辉, 等. 红外热成像扫描技术在原油储罐油泥测量中的应用[J]. 清洗世界, 2020, 36(6): 15-16.

[25] 袁艳艳. 基于热像仪的原油储罐多相界面检测技术研究[D]. 哈尔滨: 哈尔滨工业大学, 2009.

[26] 陈婧, 姚培芬, 梁法春, 等. 红外成像技术在储罐液位检测中的应用[J]. 内蒙古石油化工, 2008, (6): 1-2.